U0381686

国家出版基金项目
NATIONAL PUBLICATION FOUNDATION

"十三五"国家重点图书出版规划项目

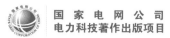

国家电网公司
电力科技著作出版项目

新能源并网与调度运行技术丛书

风力发电功率预测
技术及应用

王 勃 王 铮 刘 纯 范高锋 编著

中国电力出版社
CHINA ELECTRIC POWER PRESS

内容提要

当前以风力发电和光伏发电为代表的新能源发电技术发展迅猛，而新能源大规模发电并网对电力系统的规划、运行、控制等各方面带来巨大挑战。《新能源并网与调度运行技术丛书》共 9 个分册，涵盖了新能源资源评估与中长期电量预测、新能源电力系统生产模拟、分布式新能源发电规划与运行、风力发电功率预测、光伏发电功率预测、风力发电机组并网测试、新能源发电并网评价及认证、新能源发电调度运行管理、新能源发电建模及接入电网分析等技术，这些技术是实现新能源安全运行和高效消纳的关键技术。

本分册为《风力发电功率预测技术及应用》，共 7 章，分别为概述、风能资源特征、面向风力发电预测的数值天气预报、风力发电功率确定性预测方法、风力发电功率概率预测方法、风力发电功率预测结果评价、风力发电功率预测系统及应用。全书内容具有先进性、前瞻性和实用性，深入浅出，既有深入的理论分析和技术解剖，又有典型案例介绍和应用成效分析。

本丛书既可作为电力系统运行管理专业员工系统学习新能源并网与调度运行技术的专业书籍，也可作为高等院校相关专业师生的参考用书。

图书在版编目（CIP）数据

风力发电功率预测技术及应用/王勃等编著. —北京：中国电力出版社，2019.11（2024.7 重印）

（新能源并网与调度运行技术丛书）

ISBN 978-7-5198-4002-0

Ⅰ.①风… Ⅱ.①王… Ⅲ.①风力发电–功率–预测技术 Ⅳ.①TM614

中国版本图书馆 CIP 数据核字（2019）第 256858 号

出版发行：中国电力出版社
地　　址：北京市东城区北京站西街 19 号（邮政编码 100005）
网　　址：http://www.cepp.sgcc.com.cn
策划编辑：肖　兰　王春娟　周秋慧
责任编辑：刘　薇（010-63412787）
责任校对：王小鹏
装帧设计：王英磊　赵姗姗
责任印制：石　雷

印　　刷：北京九天鸿程印刷有限责任公司
版　　次：2019 年 11 月第一版
印　　次：2024 年 7 月北京第三次印刷
开　　本：710 毫米×980 毫米　16 开本
印　　张：13.75
字　　数：246 千字
印　　数：3001—3500 册
定　　价：82.00 元

实现能源转型，建设清洁低碳、安全高效的现代能源体系是我国新一轮能源革命的核心目标，新能源的开发利用是其主要特征和任务。

2006年1月1日，《中华人民共和国可再生能源法》实施。我国的风力发电和光伏发电开始进入快速发展轨道。与此同时，中国电力科学研究院决定设立新能源研究所（2016年更名为新能源研究中心），主要从事新能源并网与运行控制研究工作。

十多年来，我国以风力发电和光伏发电为代表的新能源发电发展迅猛。由于风能、太阳能资源的波动性和间歇性，以及其发电设备的低抗扰性和弱支撑性，大规模新能源发电并网对电力系统的规划、运行、控制等各个方面带来巨大挑战，对电网的影响范围也从局部地区扩大至整个系统。新能源并网与调度运行技术作为解决新能源发展问题的关键技术，也是学术界和工业界的研究热点。

伴随着新能源的快速发展，中国电力科学研究院新能源研究中心聚焦新能源并网与调度运行技术，开展了新能源资源评价、发电功率预测、调度运行、并网测试、建模及分析、并网评价及认证等技术研究工作，攻克了诸多关键技术难题，取得了一系列具有自主知识产权的创新性成果，研发了新能源发电功率预测系统和新能源发电调度运行支持系统，建成了功能完善的风电、光伏试验与验证平台，建立了涵盖风力发电、光伏发电等新能源发电接入、调度运行等环节的技术标准体系，为新能源有效消纳和安全并网提供了有效的技术手段，并得到广泛应用，为支撑我国新能源行业发展发挥了重要作用。

"十年磨一剑。"为推动新能源发展，总结和传播新能源并网与调度运行技术成果，中国电力科学研究院新能源研究中心组织编写了《新能源并网与调度运行技术丛书》。这套丛书共分为 9 册，全面翔实地介绍了以风力发电、光伏发电为代表的新能源并网与调度运行领域的相关理论、技术和应用，丛书注重科学性、体现时代性、突出实用性，对新能源领域的研究、开发和工程实践等都具有重要的借鉴作用。

展望未来，我国新能源开发前景广阔，潜力巨大。同时，在促进新能源发展过程中，仍需要各方面共同努力。这里，我怀着愉悦的心情向大家推荐《新能源并网与调度运行技术丛书》，并相信本套丛书将为科研人员、工程技术人员和高校师生提供有益的帮助。

中国科学院院士
中国电力科学研究院名誉院长
2018 年 12 月 10 日

序言 2

　　近期得知,中国电力科学研究院新能源研究中心组织编写《新能源并网与调度运行技术丛书》,甚为欣喜,我认为这是一件非常有意义的事情。

　　记得 2006 年中国电力科学研究院成立了新能源研究所(即现在的新能源研究中心),十余年间新能源研究中心已从最初只有几个人的小团队成长为科研攻关力量雄厚的大团队,目前拥有一个国家重点实验室和两个国家能源研发(实验)中心。十余年来,新能源研究中心艰苦积淀,厚积薄发,在研究中创新,在实践中超越,圆满完成多项国家级科研项目及国家电网有限公司科技项目,参与制定并修订了一批风电场和光伏电站相关国家和行业技术标准,其研究成果更是获得 2013、2016 年度国家科学技术进步奖二等奖。由其来编写这样一套丛书,我认为责无旁贷。

　　进入 21 世纪以来,加快发展清洁能源已成为世界各国推动能源转型发展、应对全球气候变化的普遍共识和一致行动。对于电力行业而言,切中了狄更斯的名言"这是最好的时代,也是最坏的时代"。一方面,中国大力实施节能减排战略,推动能源转型,新能源发电装机迅猛发展,目前已成为世界上新能源发电装机容量最大的国家,给电力行业的发展创造了无限生机。另一方面,伴随而来的是,大规模新能源并网给现代电力系统带来诸多新生问题,如大规模新能源远距离输送问题,大量风电、光伏发电限电问题及新能源并网的稳定性问题等。这就要求政策和技术双管齐下,既要鼓励建立辅助服务市场和合理的市场交易机制,使新能源成为市场的"抢手货"，又要增强新能源自身性能，提升新能源的调度运行控制技术水平。如何在保障电网安全稳定运行的前提下，最大化消纳新能源发电，是电力系统迫切需要解决的问题。

这套丛书涵盖了风力发电、光伏发电的功率预测、并网分析、检测认证、优化调度等多个技术方向。这些技术是实现高比例新能源安全运行和高效消纳的关键技术。丛书反映了我国近年来新能源并网与调度运行领域具有自主知识产权的一系列重大创新成果，是新能源研究中心十余年科研攻关与实践的结晶，代表了国内外新能源并网与调度运行方面的先进技术水平，对消纳新能源发电、传播新能源并网理念都具有深远意义，具有很高的学术价值和工程应用参考价值。

这套丛书具有鲜明的学术创新性，内容丰富，实用性强，除了对基本理论进行介绍外，特别对近年来我国在工程应用研究方面取得的重大突破及新技术应用中的关键技术问题进行了详细的论述，可供新能源工程技术、研发、管理及运行人员使用，也可供高等院校电力专业师生使用，是新能源技术领域的经典著作。

鉴于此，我特向读者推荐《新能源并网与调度运行技术丛书》。

中国工程院院士

国家电网有限公司顾问

2018 年 11 月 26 日

　　进入 21 世纪,世界能源需求总量出现了强劲增长势头,由此引发了能源和环保两个事关未来发展的全球性热点问题,以风能、太阳能等新能源大规模开发利用为特征的能源变革在世界范围内蓬勃开展,清洁低碳、安全高效已成为世界能源发展的主流方向。

　　我国新能源资源十分丰富,大力发展新能源是我国保障能源安全、实现节能减排的必由之路。近年来,以风力发电和光伏发电为代表的新能源发展迅速,截至 2017 年底,我国风力发电、光伏发电装机容量约占电源总容量的 17%,已经成为仅次于火力发电、水力发电的第三大电源。

　　作为国内最早专门从事新能源发电研究与咨询工作的机构之一,中国电力科学研究院新能源研究中心拥有新能源与储能运行控制国家重点实验室、国家能源大型风电并网系统研发(实验)中心和国家能源太阳能发电研究(实验)中心等研究平台,是国际电工委员会 IEC RE 认可实验室、IEC SC/8A 秘书处挂靠单位、世界风能检测组织 MEASNET 成员单位。新能源研究中心成立十多年来,承担并完成了一大批国家级科研项目及国家电网有限公司科技项目,积累了许多原创性成果和工程技术实践经验。这些成果和经验值得凝练和分享。基于此,新能源研究中心组织编写了《新能源并网与调度运行技术丛书》,旨在梳理近十余年来新能源发展过程中的新技术、新方法及其工程应用,充分展示我国新能源领域的研究成果。

　　这套丛书全面详实地介绍了以风力发电、光伏发电为代表的新能源并网及调度运行领域的相关理论和技术，内容涵盖新能源资源评估与功率预测、建模与仿真、试验检测、调度运行、并网特性认证、随机生产模拟及分布式发电规划与运行等内容。

根之茂者其实遂，膏之沃者其光晔。经过十多年沉淀积累而编写的《新能源并网与调度运行技术丛书》，内容新颖实用，既有理论依据，也包含大量翔实的研究数据和具体应用案例，是国内首套全面、系统地介绍新能源并网与调度运行技术的系列丛书。

我相信这套丛书将为从事新能源工程技术研发、运行管理、设计以及教学人员提供有价值的参考。

中国工程院院士
中国电力科学研究院院长
2018 年 12 月 7 日

前　言

　　风力发电、光伏发电等新能源是我国重要的战略性新兴产业，大力发展新能源是保障我国能源安全和应对气候变化的重要举措。自 2006 年《中华人民共和国可再生能源法》实施以来，我国新能源发展十分迅猛。截至 2018 年底，风电累计并网容量 1.84 亿 kW，光伏发电累计并网容量 1.72 亿 kW，均居世界第一。我国已成为全球新能源并网规模最大、发展速度最快的国家。

　　中国电力科学研究院新能源研究中心成立至今十余载，牵头完成了国家 973 计划课题《远距离大规模风电的故障穿越及电力系统故障保护》（2012CB21505），国家 863 计划课题《大型光伏电站并网关键技术研究》（2011AA05A301）、《海上风电场送电系统与并网关键技术研究及应用》（2013AA050601），国家科技支撑计划课题《风电场接入电力系统的稳定性技术研究》（2008BAA14B02）、《风电场输出功率预测系统的开发及示范应用》（2008BAA14B03）、《风电、光伏发电并网检测技术及装置开发》（2011BAA07B04）和《联合发电系统功率预测技术开发与应用》（2011BAA07B06），以及多项国家电网有限公司科技项目。在此基础上，形成了一系列具有自主知识产权的新能源并网与调度运行核心技术与产品，并得到广泛应用，经济效益和社会效益显著，相关研究成果分别获 2013 年度和 2016 年度国家科学技术进步奖二等奖、2016 年中国标准创新贡献奖一等奖。这些项目科研成果示范带动能力强，促进了我国新能源并网安全运行与高效消纳，支撑中国电力科学研究院获批新能源与储能运行控制国家重点实验室，新能源发电调度运行技术团队入选国家"创新人才推进计划"重点领域创新团队。

为总结新能源并网与调度运行技术研究与应用成果，分析我国新能源发电及并网技术发展趋势，中国电力科学研究院新能源研究中心组织编写了《新能源并网与调度运行技术丛书》，以期在全国首次全面、系统地介绍新能源并网与调度运行技术，为新能源相关专业领域研究与应用提供指导和借鉴。

本丛书在编写原则上，突出以新能源并网与调度运行诸环节关键技术为核心；在内容定位上，突出技术先进性、前瞻性和实用性，并涵盖了新能源并网与调度运行相关技术领域的新理论、新知识、新方法、新技术；在写作方式上，做到深入浅出，既有深入的理论分析和技术解剖，又有典型案例介绍和应用成效分析。

本丛书共分 9 个分册，包括《新能源资源评估与中长期电量预测》《新能源电力系统生产模拟》《分布式新能源发电规划与运行技术》《风力发电功率预测技术及应用》《光伏发电功率预测技术及应用》《风力发电机组并网测试技术》《新能源发电并网评价及认证》《新能源发电调度运行管理技术》《新能源发电建模及接入电网分析》。本丛书既可作为电力系统运行管理专业员工系统学习新能源并网与调度运行技术的专业书籍，也可作为高等院校相关专业师生的参考用书。

本分册是《风力发电功率预测技术及应用》。第 1 章介绍了风力发电功率预测的背景和意义，总结了常用的预测技术分类及国内外研究现状。第2章剖析了风能资源序列的平稳性、非平稳性和波动性特征，对比分析了风能资源序列的可预报性差异。第3~6章分别介绍了面向风力发电功率预测的数值天气预报技术、风力发电功率确定性预测方法和概率预测方法，以及预测结果的评价方法等。第7章介绍了风电功率预测系统及其应用情况。本分册的研究内容得到了国家重点研发计划《促进可再生能源消纳的风电/光伏发电功率预测技术及应用》（项目编号：2018YFB0904200）的资助。

本分册由王勃、王铮、刘纯、范高锋编著，其中，第1章由刘纯编写，第2章、第5章由王铮编写，第3章、第4章、第7章由王勃编写，第6章由范高锋编写。全书编写过程中得到了冯双磊、王钊的大力协助，王伟胜对全书进行了审阅，提出了修改意见和完善建议。本丛书还得到了中国科学院院士、中国电力科学研究院名誉院长周孝信，中国工程院院士、国家电网有限公司顾问黄其励，中国工程院院士、中国电力科学研究院院长郭剑波的关心和支持，并欣然为丛书作序，在此一并深表谢意。

《新能源并网与调度运行技术丛书》凝聚了科研团队对新能源发展十多年研究的智慧结晶，是一个继承、开拓、创新的学术出版工程，也是一项响应国家战略、传承科研成果、服务电力行业的文化传播工程，希望其能为从事新能源领域的科研人员、技术人员和管理人员带来思考和启迪。

科研探索永无止境，新能源利用大有可为。对书中的疏漏之处，恳请各位专家和读者不吝赐教。

作　者

2019 年 9 月

目　录

第 1 章

概　述

我国风力发电（简称风电）装机容量已稳居世界首位。风电具有随机性和波动性，随机波动的风电大规模并入电网，给电力系统的发、输、用电实时平衡带来了严峻挑战。对未来不同时间尺度下风电功率进行预测，是降低风电随机波动影响、提升风电消纳能力的有效技术手段。

1.1　背　景　和　意　义

风能利用的本质是将大气运动所具有的动能转化为人类可利用的能源形式。近年来，随着环境问题的日益凸显和能源需求的不断增长，大力发展风电已成为世界各国的共识。随着风力发电技术的逐步成熟，在相关政策的支持下，风电在世界范围内得到快速发展。2006 年，我国颁布实施的《中华人民共和国可再生能源法》为我国风电的快速发展注入动力。据国家能源局统计，2004～2018 年我国（除港澳台地区外）风电并网装机容量及增长率如图 1-1 所示，2018 年全国风电并网装机容量（不含港澳台地区）达到 184GW，居世界首位。

我国风能资源主要分布在"三北"地区（西北、华北和东北地区）和东南沿海地区。根据国家能源局发布的数据，2018 年底我国风电累计并网装机容量排名前 10 名的省（自治区）如图 1-2 所示。其中内蒙古、新疆、河北、甘肃、山东五省（自治区）风电并网装机容量位居全国前五，以上五省（自治区）风电并网装机容量占全国风电并网装机容量的 46.8%。

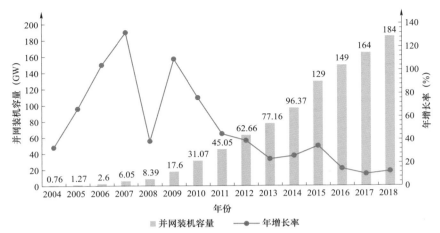

图 1-1　2004～2018 年我国（除港澳台地区外）风电并网装机容量及增长率

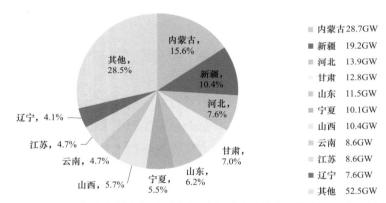

图 1-2　2018 年底我国主要省（自治区）风电累计并网装机容量及其占比

　　风力发电与常规电源不同，其实时功率大小主要由风能资源决定，风能资源随时间随机变化，规律性差，使得风电功率在形态上表现为随机波动性。我国某风电场连续一周的逐日功率变化曲线如图 1-3 所示。此外，地形和气候也会对风能资源的波动性产生影响，不同地形和气候条件下，风电的随机波动性存在差异。

　　在火电、水电等常规电源占主导的电力系统中，电网调控机构通过调整资源可存储、功率可控制的常规电源来跟踪变化的负荷，能够较好地实现系统发电和用电之间的实时平衡。但大规模风电并入电网后，需要由常规电源和风电共同来平衡负荷需求。在风电功率未知的情况下，常规电源需预留大量旋转备用容量来平衡未知的风电和负荷，这就极大地挤占了风电消纳空间并降低了电力系统运行的经济性。

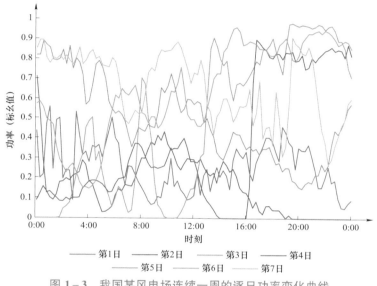

图 1-3　我国某风电场连续一周的逐日功率变化曲线

通过对风电未来不同时间尺度下的发电功率进行准确预测，即风力发电功率预测（简称风电功率预测），将风电纳入发电计划是应对上述挑战的有效手段。风电功率预测以风电场基础信息、功率、风速等数据建立气象数据与功率数据之间的映射关系，即功率预测模型，进而根据气象或实测功率等输入数据，提前预知未来一段时间、逐时刻风电功率。

风电功率预测将随机波动的风电功率变为基本已知，可降低风电功率的不确定性，在风电利用中具有十分重要的作用。对电网企业而言，电网调控机构可根据中长期预测结果并结合负荷预测结果，制订风电的年度电量计划和电网检修计划；根据短期功率预测结果提前了解风电功率的随机波动情况，调整机组组合方案，优化常规电源机组发电计划，合理确定系统备用容量，预留风电消纳空间，提升风电消纳能力；根据超短期预测结果滚动调整风电场发电计划,以达到系统安全性约束下的风电最大化消纳。对发电企业而言,风电功率预测是企业参与电力市场的基础条件,其作用主要体现在:① 日前市场中,风电企业根据短期预测结果参与市场竞价,预测结果的好坏直接影响次日报价,若日前预测精度差,在日内市场将付出较为昂贵的代价来补偿;② 日内市场中,根据超短期预测结果滚动调整日前市场的发电计划,预测精度越高,在日内市场中需要买进或卖出的差额电量越少,经济效益越显著。此外,日内市场调整后的逐小时风电计划出力与实际出力越接近,在实时市场中需要调整的电量越少,经济效益也越显著。

2011 年以来,国家能源局相继出台了《国家能源局关于印发风电场功率预测预报管理暂行办法的通知》(国能新能〔2011〕177 号)、《国家能源局关于印发风电功率预报与电网协调运行实施细则(试行)的通知》(国能新能〔2012〕12 号)等多项风电功率预测相关的政策性文件和《风电功率预测系统功能规范》(NB/T 31046—2013)等标准,要求风电场和调度机构同步开展风电功率预测工作,并规范了风电功率预测系统建设和预测结果评估工作。电力企业也相应配套出台了多项功率预测相关的标准及文件,落实国家政策和相关标准。

在国家相关政策和标准的要求与引导下,我国所有并网风电场站和各省级调度机构均已建立风电功率预测系统,开展了日前短期功率预测和日内超短期功率预测工作,建立了风电功率预测评价体系,并实现了网厂协调运行。经过近年来的不断完善和升级,目前我国风电功率预测从方法、系统到应用已较为成熟,有力地支撑了大规模风电消纳。

1.2 预 测 技 术 分 类

风电功率预测技术从不同的角度有不同的分类原则,主要有基于时间尺度的分类、基于空间范围的分类、基于预测方法的分类、基于预测结果形式的分类等。常用的风电功率预测技术分类如表 1-1 所示。

表 1-1 风电功率预测技术分类

分类标准	类 别	特点与适用范围
基于时间尺度的分类	超短期功率预测	预测风电场未来 0～4h 的有功功率，时间分辨率不小于 15min，主要用于电力系统实时调整及修正短期预测结果
	短期功率预测	预测风电场次日零时起 3 天的有功功率，时间分辨率为 15min，用于日前发电计划制订、备用容量安排等
	中长期电量预测	预测风电场月度和年度电量，主要用于年月电量平衡，安排场站、电网输变电设备检修及燃料计划等
基于空间范围的分类	单机功率预测	对单台风电机组进行功率预测
	单风电场功率预测	对单个风电场进行功率预测
	风电集群功率预测	对多个风电场组成的风电集群进行整体功率预测
基于预测方法的分类	物理方法	不需要历史功率数据，以风电场地形、地表粗糙度、风电机组功率曲线等基础信息为建模数据，可用于不同时间尺度的功率预测
	统计方法	采用人工神经网络、支持向量机、遗传算法等建立数值天气预报（numerical weather prediction，NWP）数据与风电场发电功率之间的映射关系，或以实时发电数据、实时测风数据为输入，采用时间序列分析、卡尔曼滤波等方法预测风电场发电功率
	组合方法	通过对物理方法、统计方法等不同预测方法以集合 NWP 为输入，获取多种可能的风电场发电功率，并根据各结果性能进行最佳组合
基于预测结果形式的分类	确定性预测	预测结果为不同时刻对应的发电功率确定值
	概率预测	对未来风电功率可能波动范围的预测，预测结果具有概率属性，包括区间预测、爬坡事件预测、情景预测等

1.2.1 基于时间尺度的分类

各国对风电功率预测的应用场景不同，因此，国际上对风电功率预测时间尺度的划分没有统一的标准。归纳来看，现有预测时间尺度可划分为超短期、短期和中长期三类。

（1）超短期功率预测。我国对风电超短期功率预测的定义是预测未来 0～4h，时间分辨率为 15min，每 15min 滚动预测一次。美国阿贡国家实验室对超短期的定义是以小时为预测单位，但并没有给出明确的时间尺度。超短期预测主要用于电力系统实时调整及修正短期预测结果，常用的超短期功率预测方法包括统计外推法、持续法等。

（2）短期功率预测。我国对短期预测的明确要求是预测次日 0 时起未来 72h 的风电功率，时间分辨率为 15min。美国阿贡国家实验室规定短期预测的预测上限为 48h 或 72h。国内外短期功率预测的用途差异较大，我国短期功率预测主要用于制订日前发电计划，欧洲、美国的短期预测主要用于电力市场的日前交易。短期风电功率预测一般需要以数值天气预报（numerical weather prediction，NWP）的风速、风向等气象要素预报结果作为预测模型的输入，预测方法主要有物理方法、统计方法及组合方法等。

（3）中长期电量预测。中长期预测一般是指 3 天至若干周的功率预测以及月度、年度的电量预测。美国阿贡国家实验室规定中期预测的上限为 7 天。中期预测主要用于优化机组组合、制订常规电源开机计划及海上风电运维检修，长期预测主要用于年、月电量平衡及安排电网输变电设备检修计划、制订燃料计划等。

1.2.2　基于空间范围的分类

风电功率预测方法根据预测对象的不同可分为单机功率预测、单风电场功率预测、风电集群功率预测。① 单机功率预测的预测对象是单台风电机组，预测精细化程度高，建模工作量较大。② 单风电场功率预测是指以单个风电场的发电功率为预测目标的功率预测，目前也是研究和应用的重点。③ 风电集群功率预测是指对较大空间内多个风电场组成的风电集群进行整体功率预测，常用的风电集群功率预测方法包括累加法、统计升尺度法和空间资源匹配法等。

1.2.3　基于预测方法的分类

根据不同的功率预测方法，风电功率预测可分为物理方法、统计方法和组合方法。

（1）物理方法。物理方法是根据风电场内部及周边的地形、粗糙度、风电场布局、风电机组特征参数等信息，采用微观气象学理论或流体力学方法，建立描述风电场风能资源分布特征的模型，结合风电机组功率曲线，进而对风电场发电功率实现预测的方法。该方法最大的特点是不需要风电场历史运行数据，适用于新建或数据不完善的风电场；但该方法需要模拟风速、风向等气象要素在风电场局地效应下的变化过程，建模复杂度高，不确定性环节多，受模型准确性、模拟能力的限制，可能出现系统性偏差。

（2）统计方法。统计方法不考虑风速、风向变化的物理过程，以对历史运行数据和历史 NWP 数据的关联性进行统计分析为基础，建立 NWP 数据与风电场发电功率之间的映射关系。统计方法相对物理方法而言，方法简单、使用的数据单一，但对突变信息的处理能力较差，同时预测建模需要大量的历史运行数据，因此对于新建或数据不完善的风电场，由于历史数据不足，统计方法无法适用。

（3）组合方法。组合方法是指在特定预测对象的多个预测结果基础上，通过分析单一预测结果的历史表现，建立多预测结果的线性或非线性累加模型，以最小预测误差为目标，通过优化算法赋予单一预测结果不同的权重，进而实现对场站的功率预测。组合预测方法便于发挥各个模型的优势，预测结果一般优于单一预测结果。

1.2.4　基于预测结果形式的分类

根据预测结果形式的不同，可将风电功率预测分为确定性预测和概率预测。

（1）风电功率确定性预测。风电功率确定性预测是对未来风电功率水平的预测，预测结果是未来不同时刻对应的发电功率值。物理方法、统计方法和组合方法等都可应用于风电功率确定性预测中。确定性预测不能定量反映风电功率的不确定性。

（2）风电功率概率预测。风电功率概率预测是对未来风电功率波动范围的预测，预测结果为可反映具体时刻风电功率的波动范围及其概率，包括区间预测、情景预测和事件预测。概率预测可分为参数化方法和非参数化方法。典型的参数化方法包括向量自回归、广义误差分布等；典型的非参数化方法包括分位数回归、核密度估计等。

1.3 研　究　现　状

国外风电功率预测技术研发工作起步较早，其预测方法和预测系统已比较成熟。我国对风电功率预测的研究起步较晚，但发展较快，众多高校和企业都参与了风电功率预测的方法研究和系统开发。

1.3.1　国外研究现状

国外早在 20 世纪 70 年代就提出了风电功率预测的技术设想，其中以美国太平洋西北实验室（Pacific Northwest National Laboratory，PNNL）为代表。1990 年，丹麦瑞索国家可再生能源实验室的 Las Landberg 提出了完整的风电功率预测技术。近年来，伴随着技术的不断进步，国外风电功率预测技术体系已较为完善和成熟。

早期的风电功率预测以 NWP 的风速为输入，通过构建的风电场物理预测模型，将 NWP 的风速转化为风电机组的发电功率，进而实现对风电场功率预测。由于缺乏误差的反馈修正环节，预测精度主要取决于 NWP 精度，同时也受风电场地形条件影响。在地形复杂、气候变化多样的地区，NWP 环节和功率转化环节均存在较大误差，使得最终的预测误差较大。

随着技术的不断进步，在气象—功率转化环节，国外学者引入了人工神经网络等统计方法，模型训练的迭代反馈机制使转化模型具有较高的容错能力，极大地提高了风电功率预测精度。

近年来，随着对风电功率预测误差认识的深入，国外学者将研究重心放在提升 NWP 精度方面，通过优化 NWP 模式、利用和引入更多的实时观测数据、提高 NWP 模式的网格分辨率等手段，促进了 NWP 的技术升级，为风电功率预测提供了更准确的风速、风向等气象输入参数，推动了风电功率预测精度逐年提升。

目前，国外风电发达国家，如丹麦、德国、美国、英国、西班牙等均研发了风电功率预测系统，并服务于实际生产。通过集合 NWP 和多预测模型的组合预测技术，将风电功率预测误差降低到了 10%以下，能

较好地支撑风电调控运行。表 1－2 总结了国外目前应用较为成熟的风电
功率预测系统。

表 1－2　　　　　　　　　　国外风电功率预测系统

年份	预测系统	特　　点	采用方法	开发者	应用范围
1994	Prediktor	采用高分辨率有限区域 NWP 模式，预测时间范围为 3～36h	物理模型	丹麦瑞索国家可再生能源实验室	西班牙、丹麦、法国、德国等
1994	WPPT	采用自回归统计方法，将自适应回归最小平方根法与指数遗忘算法相结合	统计模型	丹麦科技大学	丹麦、澳大利亚、加拿大、爱尔兰、瑞典
1998	eWind	多种统计学模型	组合模型	美国 AWS Truewind	美国
2001	WPMS	采用人工神经网络建立预测模型	统计模型	德国太阳能研究所 ISET	德国
2001	Sipreólico	自适应风电场运行状态或 NWP 模式的变化，预测时间为 0～36h	统计模型	西班牙马德里卡洛三世大学	Madeira Island、Crete Island
2002	ANEMOS	发展适用于内陆和海上的风能预报系统，使用多个 NWP 模式	组合模型	欧盟	英国、丹麦、德国、法国
2002	Previento	结合风电场当地具体的地形、海拔等条件，对 NWP 数据进行空间细化	组合模型	德国奥尔登堡大学	德国
2003	Zephry	综合 Prediktor 和 WPPT，预测时间超过 6h 时采用 Prediktor 预测，低于 6h 时采用 WPPT 预测	组合模型	丹麦瑞索国家可再生能源实验室与丹麦科技大学	丹麦、澳大利亚
2003	LocalPred-RegioPred	基于自回归模型，采用计算流体力学（computational fluid dynamics，CFD）对 NWP 的风速和风向进行降尺度	组合模型	西班牙国家可再生能源中心与西班牙能源、环境和技术研究中心	西班牙、爱尔兰
2005	WEPROG MSEPS	NWP 每 6h 循环更新、多方案集合预测技术，基于在线及历史 SCADA 监测数据的功率预测方法	组合模型	爱尔兰科克大学	爱尔兰、德国、丹麦西部
2008～2012	ANEMOS. Plus/ SafeWind	SafeWind 重点对极端天气预报，ANEMOS.Plus 侧重于支撑电力市场交易	组合模型	欧盟	爱尔兰、英国、丹麦、德国

1.3.2 国内研究现状

早期我国风电装机规模较小，火电、水电等常规电源的调节能力可保障风电完全消纳。2006 年之后，我国风电进入快速发展期，风电装机年均增长超过 30%，风电消纳问题逐渐凸显。2007 年，我国开始风电功率预测技术研究。近年来，通过自主技术创新，我国的风电功率预测技术取得了快速的进步。随着对风电功率预测认识的进一步深入，研究方向主要集中在资源参量预报、资源—功率转化、预测结果优化三个方面。

（1）资源参量预报方面。在常规气象预报的基础上，开展专门面向风能资源的专业预报技术研究，如中国电力科学研究院针对我国西北地区局地气候显著、资源监测站点稀疏、资源参量预报误差相对较大的问题，与美国国家大气研究中心、欧洲中期预报中心等机构合作，提出了基于实时四维资料同化的预报技术，利用西北地区风电场资源实时监测数据把握局地波动规律，显著提升了资源预报精度。

（2）资源—功率转化方面。提出了多种转化方法，如人工神经网络、支持向量机、遗传算法、粒子群优化算法以及多种方法的组合应用等。其中，组合方法是目前主流采用的方法，其通过不同方法的组合，相互取长补短，从而获得较优的功率预测结果。如人工神经网络与粒子群优化算法的组合使用，在实现容错预测、确保整体误差最小的基础上，适度地提高了功率预测结果在功率值较小范围和较大范围的适应性，预测结果的相关性获得一定改观。此外，引入数据序列的前处理技术、开展精细化建模也在近年来获得了一定发展，如引入小波分解技术对功率序列和 NWP 序列进行前处理，并针对不同频率信号分别构建预测模型，通过不同频率信号的重构实现最终预测，在一定程度上提高了转化模型对风电功率序列波动的感知能力。

（3）预测结果优化方面。研究人员发现，不同资源预报模式在不同气候特征和不同地形条件下的误差特性差别较大，不同转化方法误差特性也存在差异，据此，提出了不同资源预报模式和不同转化模型的组合预测方法。根据对不同误差特性的认识，还提出了针对性的优化方法，如清华大学研究发现不同功率水平下风电功率预测误差特性各异，针对不同功率水平分别进行处理。

此外，针对我国风电发展速度快、基础数据有效长度不足的问题，研究了集群预测方法，提出了考虑资源相关性的区域风电场群集中预测方法，在保障预测精度的同时，解决了预测快速全覆盖的难题。此外，根据实际应用需求，我国也逐步开展区间预测、事件预测等概率预测相关技术研究。

基于相关研究成果，我国也研发了多套风电功率预测系统，并应用于电网调控机构和风电场企业。表1-3总结了我国目前应用较为成熟的风电功率预测系统。

表1-3　　　　　　　　我国风电功率预测系统

年份	预测系统	特　点	采用方法	开发者	应用范围
2008	WPFS	采用 B/S 结构，可以跨平台运行；每天 15:00 前预测次日 0:00～24:00 分辨率为 15min 的风电功率，最长预测未来 144h 的风电功率	组合模型	中国电力科学研究院	吉林、江苏、黑龙江等 27 个省（自治区、直辖市）
2010	清华大学风电功率预测系统	以气象局 NWP 为输入，采用统计模型实现未来 72h 的风电功率预测	组合模型	清华大学	吉林、内蒙古等省（自治区）
2010	SPWF-3000	采用 B/S 结构，针对单风电场不同类型机组进行独立分析建模；系统完全考虑后期风电场扩容情况，具有较好的接口及计算能力	组合模型	北京国能日新系统控制技术有限公司	山西、广西、河北、河南等省（自治区）
2010	FR3000F	采用基于中尺度 NWP 的物理方法和统计方法相结合的预测方法，提供差分自回归移动平均模型、混沌时间序列分析、人工神经网络等多种算法	组合模型	北京中科伏瑞电气技术有限公司	新疆、内蒙古、宁夏等省（自治区）
2011	NSF 3100	包括数据监测、功能预测、软件平台展示三个部分。已在国网华北分部、国网东北分部、国网福建省电力有限公司等单位进入业务化运行	组合模型	南瑞集团（国网电力科学研究院）	内蒙古、江苏、浙江、甘肃等省（自治区）

续表

年份	预测系统	特　点	采用方法	开发者	应用范围
2011	SWPPS	可完成风电场未来 72h 的短期功率预测和未来 4h 的超短期预测，并向网调上传预测结果	组合模型	华北电力大学	内蒙古、江苏等省（自治区）
2011	WPPS	风电场可根据当地实际情况选择一种效果好的算法模型作为预测方法	组合模型	湖北省气象服务中心	湖北九宫山风电场等
2011	WINPOP	系统采用支持向量机、人工神经网络、自适应最小二乘法等算法进行风电功率预测	组合模型	中国气象局公共服务中心	北京市、南京市等

风 能 资 源 特 征

风力发电的直接能量来源是风能，风电功率的随机波动源自风能的随机波动。认识风能资源波动的特点是开展风电功率预测、提高风电功率预测精度的基础。本章聚焦风能资源序列的波动性，分析了风能资源的平稳性特征、非平稳性特征和波动性特征，指出了风能资源序列预报存在的问题及突破方向。

2.1 风能资源序列的平稳性特征

风能资源序列（即风速序列）属于时间序列，从时间序列角度认识和分析风能资源序列的平稳性特征是风电功率预测的基础。

2.1.1 平稳性分析

长时间风能资源序列一般指序列长度 1 年以上的风能资源序列。根据时间序列❶的平稳性理论❷，在实际工程应用中，一般利用时间序列的自相关性和偏相关性随时延的变化情况检验风能资源序列是否具有平稳性。如果一个时间序列的自相关性序图和偏相关序图，在较短的延迟期数内迅速衰减为零（截尾），则认为该时间序列具有平稳性；反之，在较短延迟期数内未衰减为零或转变为负相关（拖尾），则认为该时间序列具

---

❶ 时间序列是指将某种现象的某一个统计指标在不同时间上的各个数值，按时间先后顺序排列而形成的序列。

❷ 一个时间序列，如果均值、方差没有系统变化（无趋势），且严格消除了周期性变化，则称之为平稳时间序列。

有非平稳性。对风能资源序列的平稳性分析，可定性认识风能资源序列的特点，为风电功率预测技术提供科学支撑，属于工程应用范畴，可采用工程的检验方法。

以某风电场为例，对长时间风能资源序列的平稳性进行分析。该风电场数据采样频率为每 15min 一次，2014 年 11 月至 2017 年 12 月风电场测风塔 70m 高程的风速序列如图 2−1 所示。由图 2−1 可直观看出，风能资源序列波动明显，该风电场 70m 高程的风速大部分在 15m/s 以下，极端风速不超过 30m/s，且无显著的年际周期变化规律。

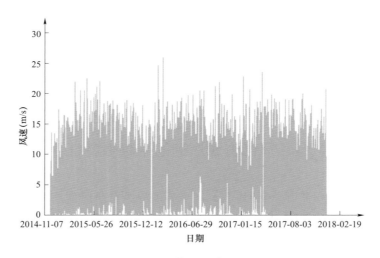

图 2−1　测风塔 70m 高程风速序列

图 2−2 为随机提取的测风塔 70m 高程连续一周风速序列，可直观看出，连续一周的风速形态各不相同，每个时刻的风速大小没有明显的规律性。从长时间尺度来看，风能资源序列不呈现单调性，满足平稳时间序列的基本要求。同时，根据时间序列平稳性检验方法，对图 2−1 中 70m 高程风速序列自相关性和偏相关性的拖尾和截尾情况进行分析。假设选定最长延迟期数为 10 天，即 960 步，所获得的自相关序列如图 2−3 所示，21 步延时下的偏相关序列如图 2−4 所示。

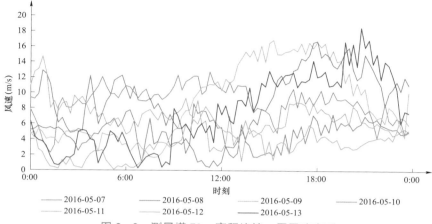

图 2－2　测风塔 70m 高程连续一周风速序列

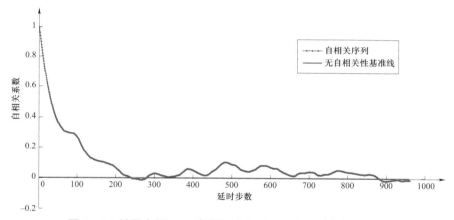

图 2－3　某风电场 70m 高程风速序列 960 步延时自相关序列

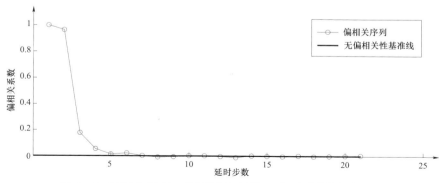

图 2－4　某风电场 70m 高程风速序列 21 步延时的偏相关序列

由图 2-3 可以看出，该风电场 70m 高程长时间风速序列的自相关性在 200 步延时❶时迅速下降至 0 附近，且随着延时步数的增加，自相关系数在 0 值附近波动，表现出显著的截尾现象。图 2-4 中，长时间风速序列的偏相关系数在 4 步延时即迅速下降至 0，且随着延时步数的增加几乎稳定在 0 值，截尾现象表现更为显著。

根据时间序列的平稳性理论，如果时间序列的自相关序图和偏相关序图均呈现截尾现象，可判定该时间序列具有平稳性。该风电场长时间风能资源序列的自相关序图和偏相关序图均呈现显著的截尾现象，可判定为平稳序列。经不同地点、多个年份多组数据的测试表明，长时间风能资源序列具有平稳性是一个具有较强普适性的结论。

2.1.2 平稳性作用分析

通过对风能资源序列平稳性分析可以看出，当序列长度足够时（1 年以上），风能资源序列表现出平稳性。根据时间序列分析理论，平稳时间序列可以通过时间序列分析方法实现预测。

在风能资源序列足够长时，风能资源序列达到平稳状态，风能资源序列的方差趋于稳定，单纯从均方根误差这一预测误差指标来看，风速序列的自身方差或许可作为分析风速预测方法优劣的评价基准，因为方差获取的技术成本较低，且实现了技术成本与误差大小的较好平衡。以图 2-1 中的风速序列样本数据为例，其数据长度达到 3 年，可认为足够长，统计其方差为 4.16m/s，如采用其他方法对该风电场的风速进行预测，且当较长时间段的预测结果均方根误差大于 4.16m/s 时，可认为对该风电场而言，所采用的预测方法不具有先进性。

2.2 风能资源序列的非平稳性特征

由图 2-3 风速序列自相关系数迅速下降的特点可以发现，前 100 步延

---

❶ 200 步延时，即 50h，相较于年度及以上的序列，可认为年度风能资源序列的自相关性迅速衰减。

时下的自相关性虽在快速下降，但仍在 30%左右，16 步延时下的自相关系数高达 70%左右，因而可初步判断，对于时间长度在 1 天以内的短时间风能资源序列可能非平稳。

2.2.1　非平稳性分析

同样采用 2.1.1 中的风能资源序列数据对风能资源序列在短时间内的非平稳性进行分析。截取图 2−1 中风速序列某一短时间内的上爬坡过程❶和下爬坡过程❷，如图 2−5 所示。

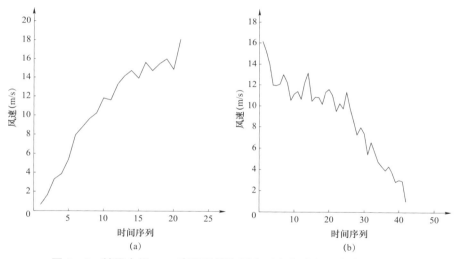

图 2−5　某风电场 70m 高程风能资源序列上爬坡和下爬坡过程截图
（a）上爬坡过程；（b）下爬坡过程

由图 2−5 可以看出，短时间内的风速表现为持续增大过程或持续减小过程，虽然不严格递增或递减，但从形态上观察，其非平稳性特征已较为显著。统计图 2−5 中风能资源序列上爬坡和下爬坡过程的自相关序列，如图 2−6 所示。

---

❶ 风速由小逐渐变大的连续过程，不严格递增。

❷ 风速由大逐渐变小的连续过程，不严格递减。

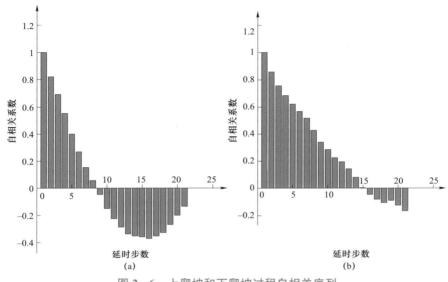

图 2-6 上爬坡和下爬坡过程自相关序列

（a）上爬坡过程；（b）下爬坡过程

由图 2-6 可以看出，该风电场 70m 层高风能资源序列的自相关系数在短时间内由 1 迅速降至 0，然后转为负相关，表现出显著的拖尾现象。根据时间序列理论，当时间序列具有拖尾特点时，时间序列具有非平稳性。事实上，短时间风能资源序列均呈现非平稳性。

2.2.2　非平稳性作用分析

短时间内风能资源序列的自相关性为超短期尺度下的风电功率预测提供了可能。为了直观展示风能资源在短时内的持续特性，同样采用图 2-1 的风速序列进行分析，统计 15min 间隔和 4h 间隔下风速变化的概率分布，如图 2-7 所示。

由图 2-7（a）可以看出，该风电场测风塔所在处的风速，15min 变化幅值在±2m/s 以内的比例在 90%以上。在风电场区域内各风电机组功率间平滑效应的作用下，风速 15min 变化引起的风电场功率变化幅值一般在装机容量的±3%以内，即以当前时刻的出力，作为未来 15min 后风电场功率结果的预测值，其偏差在±3%以内，该种规律称为风能资源的持续特性。

利用持续规律获得的某风电场第15min预测风速与实际风速对比如图2-8所示。

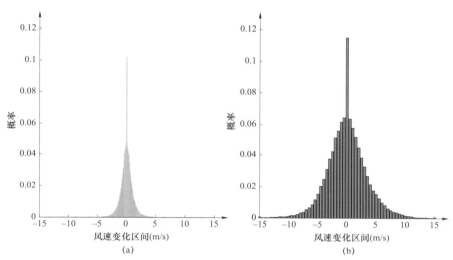

图2-7　15min与4h间隔下风速变化概率分布
（a）15min变化幅值分布；（b）4h变化幅值分布

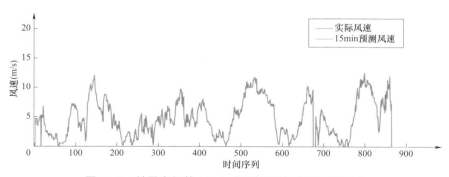

图2-8　某风电场第15min预测风速与实际风速对比

统计图2-8中利用持续规律获得的第15min预测风速与实际风速的偏差情况，结果如表2-1所示。

表 2-1 某风电场第 15min 持续法❶预测风速与实际风速的偏差情况

均方根误差（m/s）	平均绝对误差（m/s）	相关系数
1.25	0.78	0.95

可见，利用持续规律获得的 15min 预测结果平均绝对误差仅为
0.78m/s，相关系数高达 95%，预测精准度较高。同时，由图 2-7 中 4h
的风速变化幅值分布可以看出，变化幅值已由 15min 对应的 ±2m/s
增大到 ±5m/s 左右，最大变化超过了 15m/s，4h 后风速状态与当前
风速状态已发生较大变化，说明持续性随着时间尺度的增大而降低，
如果仍利用持续规律对 4h 后的风速进行预测，将产生较大的预测误
差。利用持续规律获得的第四小时预测风速与实际风速对比如图 2-9
所示。

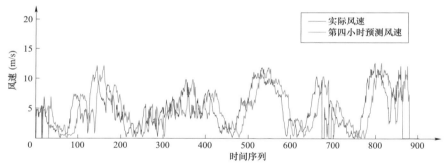

图 2-9 某风电场第四小时预测风速与实际风速对比

统计持续法下第四小时预测风速的偏差情况，如表 2-2 所示。

表 2-2 某风电场第四小时持续法预测风速与实际风速的偏差情况

均方根误差（m/s）	平均绝对误差（m/s）	相关系数
3.33	2.46	0.68

由图 2-9 和表 2-2 可以看出，利用持续规律获得的第四小时的

❶ 指以当前时刻的风速值作为下一时刻风速的预测值的方法。

风速预测误差达到了 2.46m/s，是第 15min 风速预测误差的 3 倍。由此可见，风速的持续规律随着时间的增加而减弱，因此，随着预测时长的增加，持续法的预测精度将显著下降，4h 后已无法利用，局限性凸显。

上述分析表明，年以上的长尺度风能资源序列表现出一定的平稳性，为风电功率预测奠定了基础，特别是中长期电量预测；数小时乃至数天内的短尺度风能资源序列表现出非平稳性，增大了风电功率预测的难度，但也为短尺度风电功率预测方法由序列分析转变为序列模拟这一解决思路提供了指引。

2.3 风能资源序列的波动性特征

风产生的根本原因是大气气压差引起的空气流动，而气压差源自太阳辐射不均匀导致的温度差异。由于地球的自转和公转，地球表面不同纬度带所接受的太阳辐射强度不同，导致地表温度变化在空间和时间上具有一定的规律性，从而形成能量丰富、影响范围广的季风。此外，局地地形、地貌也会导致地表温度存在差异，进而对空气流动产生影响，形成局地风。大尺度天气系统与局地效应相互作用，形成了全球风能源资源序列的波动性特征。

2.3.1 风能资源序列波动构成分析

采用滑动平均滤波法对图 2-1 中所示的风速序列信号进行处理。通过滑动平均滤波，从风速序列中分解出了高频信号和低频信号，如图 2-10所示。

由图 2-10 可直观看出，风速序列由低频信号和高频信号构成，高频信号的波动时间尺度短，一般在数分钟以内，波动频率高；低频信号的波动时间尺度显著长于高频信号，可持续上百小时。将高频信号和低频信号分别进行三次方处理，统计分析高频信号和低频信号的能量占比情况，如表 2-3 所示。

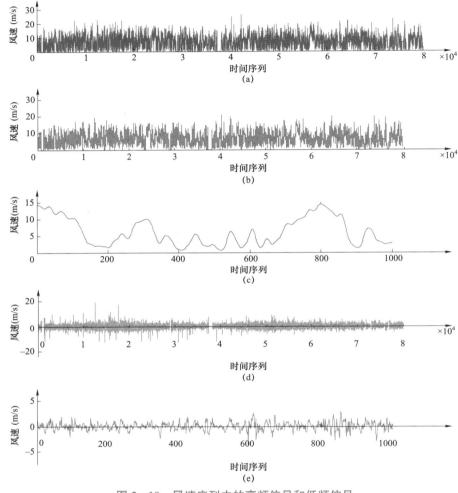

图 2－10　风速序列中的高频信号和低频信号

（a）风速序列；（b）低频信号；（c）低频信号—局部；（d）高频信号；（e）高频信号—局部

表 2－3　　　　　　　　高频信号和低频信号的能量占比

信号类别	能量（Wh）	占比（%）
低频信号	1.197×10^7	99.4
高频信号	7.24×10^4	0.6

由表 2－3 可以看出，风速序列中，占主导作用的是低频信号，其能量

占比高达 99%，高频信号对风速的序列形态具有影响，但其能量占比很低，只有不到 1%。

2.3.1.1　高频成分特征

通过对高频信号的直观判断，高频信号的波动具有随机性，可采用游程检验方法对高频信号的随机性进行检验。游程检验也称连贯检验，是根据样本标志表现排列所形成的游程的多少进行判断的检验方法，主要检验一件事情发生的概率是否随机，其原则是：如果序列为真随机序列，那么游程的总数不应过多或过少；如果游程的总数极少，说明样本缺乏独立性，内部存在一定的趋势或者结构，可能由观察值间不独立或者来自不同的总体导致；如果样本间存在大量游程，则可能受系统的短周期波动影响观察结果，同样认为序列非随机。

游程检验建立在频数检验的基础上，在本节的算例中，风速序列中的高频信号存在正值和负值，因而可通过高频信号的正负性将高频序列转化为 0—1 序列，负值为 0，正值为 1。图 2－10 中的高频信号样本长度为 79 999 个，因而转化可获得长度为 79 999 的 0—1 序列，如图 2－11 所示。

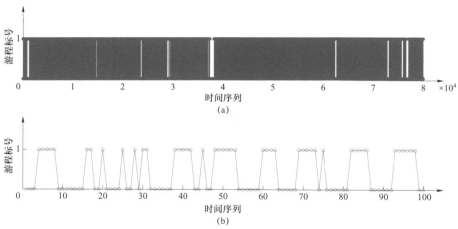

图 2－11　高频信号转化获得的 0－1 序列

（a）序列整体；（b）序列局部

令待检序列中"1"的个数为 ε，统计可得图 2－11 中 $\varepsilon = 40\,141$，序列数字总个数 $n = 79\,999$，令

$$\begin{cases} \phi = \dfrac{\varepsilon}{n} \\ \lambda = \dfrac{2}{\sqrt{n}} \end{cases} \qquad (2-1)$$

则，$\phi = 0.5018$，$\lambda = 0.0071$。

根据游程检验理论：

（1）若 $\left|\phi - \dfrac{1}{2}\right| \geq \lambda$，频数检验不成立，则该序列不为随机序列，游程检验无须进行；

（2）若 $\left|\phi - \dfrac{1}{2}\right| < \lambda$，频数检验成立，可进行游程检验。

在图 2-11 的高频 0—1 序列中，$\left|\phi - \dfrac{1}{2}\right| = 0.0018$，其值小于 λ 的 0.0071，通过频数检验。

对于图 2-11 中的高频 0—1 序列，如果取值连续相同则称为一个游程。令游程数为 ζ，在一个序列中较大的 ζ 值意味着序列中的"0"和"1"游程的转变频率较高；而一个较小的 ζ 则意味着转变频率较低。也就是说，若该序列为随机数列，ζ 必须满足"既不能过大也不能过小"，设 p 为 1 出现的概率，则具体的定量判断规则为

$$p = f\left(\frac{|\zeta - 2n\phi(1-\phi)|}{2\sqrt{n\phi(1-\phi)}}\right) \qquad (2-2)$$

其中，$f(x) = \dfrac{2}{\sqrt{\pi}} \int_0^x e^{-t^2} dt$。

在决策水平为 1% 的情况下，若 $p \geq 0.01$，则判定该序列为随机的，否则判定该序列非随机，且 p 的值越大说明其随机性越强。按照上述检验方法，统计 ζ 为 22 010，计算 p 等于 0.8862，$p = 0.8862 \geq 0.01$，因此，可判定风速序列中的高频信号具有强随机性。

2.3.1.2 低频成分特征

以波动过程的视角观察风速序列中低频信号的波动，通过二次差分，捕获主成分波动（即低频序列）的局部极值点，从图 2-10 低频序列中提取的局部极值点示意如图 2-12 所示。

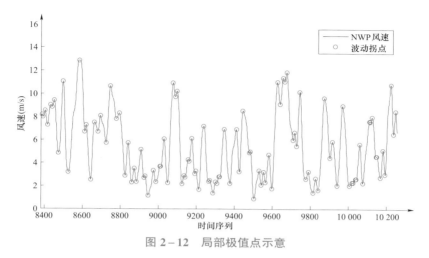

图 2 - 12　局部极值点示意

提取低频信号中以局部极小值为起点、延续一定时间后的上爬坡过程，或以局部极大值为起点、延续一定时间后的下爬坡过程，将各类上爬坡或下爬坡过程进行聚类分析，某风电场同类上爬坡过程示意如图 2 - 13 所示。

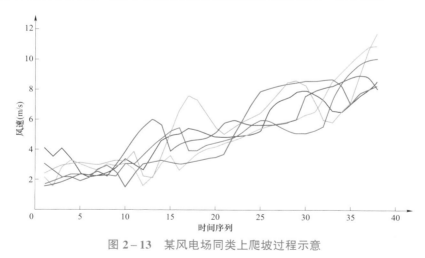

图 2 - 13　某风电场同类上爬坡过程示意

由图 2 - 13 可以看出，由大型天气过程驱动形成，由于同类天气过程下物理作用规律的相似性，使得低频波动过程具有一定的复演特性。

2.3.2　风能资源序列预测方法分析

根据对风能资源序列的平稳性、非平稳性及波动性特征分析可以看出，风能资源序列预测应从数理统计和气象物理过程模拟两个方向同时攻关。数理统计着眼于长时间风能资源序列的平稳性；气象物理模拟着眼于风能资源序列短时波动的非平稳性，通过不同时空压力场变化的计算模拟，提高对低频波动拐点在时空上定位的准确性，其本质是非平稳序列的模拟生成。

如上所述，风速是空气移动速度的体现，风速的变化本质上是气压场的变化，而气压场的变化是由地球表面受热不均引起的。因此，风的形成和变化具有明确的物理过程，理论上可以通过物理建模实现对风的形成及演化的准确模拟。

通过气象数值模拟❶，能够有效解决风速序列局部的非平稳问题，但随着时间尺度的增加，模拟误差逐渐增大，一般而言，超过 3 日已不能较好地满足应用需求。图 2-14 为某年 7 月份某风电场风速序列的日前预报结果。可见，气象模拟风速可捕捉风速的低频趋势性变化，在一定程度上解决短时间非平稳风速序列的预测问题。

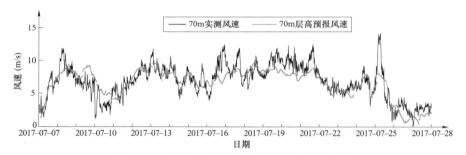

图 2-14　某风电场风速序列的日前预报结果

与此同时，由图 2-14 的局部细节也可看出，气象数值模拟虽然计算出了风速的波动变化趋势，但部分时刻的计算模拟偏差较大。风速数值模拟结果及其偏差情况如图 2-15 所示，气象数值模拟仅能实现对风速序列中低频波动的预测，无法实现对高频波动的预测，这主要是因为全球大气在气压差的驱动下流动，在流动过程中，还受到局部地形、地貌的影响，如建筑物的阻挡、地面植被的衰减、高山的阻隔、空气自身湍流的干扰等，

---

❶ 气象数值模拟是指采用大气质量守恒、动量守恒等理论，通过对不同天气要素的建模，实现气象要素计算预报的方法。

准确地模拟需对每一个局部空间精细化建模,计算量十分巨大,且当前的气象物理模拟模型还无法对所有气象过程和相关影响因素进行准确描述,气象数值模拟对风速的高频波动预报能力还具有局限性。

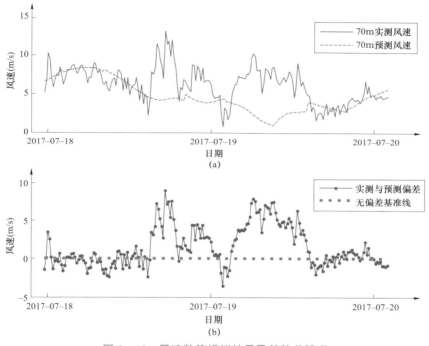

图 2－15　风速数值模拟结果及其偏差情况
（a）实测与预测风速对比；（b）预测偏差

2.4　风能资源序列可预报性分析

由 2.3.2 节中对气象数值模拟的分析可以看出,由于人类当前认知能力的局限性,气象数值模拟对实际大气移动的模拟也存在局限性,即使相同的气象数值模拟模型,对不同季节、不同地点的气象模拟预报结果也存在显著的差异。

2.4.1　风能资源序列波动性对比分析

提升我国风能资源及风电功率预测的精度是风电功率预测技术研究的

目标，风能资源的可预报性❶差异是研究的重要环节，以下以葡萄牙和我国宁夏电网的实际运行数据，对不同地区风能资源的可预报性进行了对比分析❷。由于风能资源序列不具有可加性，且以单一风电场的测风数据进行分析，不具有全面性，不能全面体现两者之间的差异，为此，以风电总功率的归一化序列分析两者的波动差异性。

（1）数据情况。葡萄牙和我国宁夏风电数据情况如表 2－4 所示。

表 2－4　　　　　　　　葡萄牙和我国宁夏风电数据情况

地域	时　段	数据分辨率（min）	装机容量（MW）
葡萄牙全国	2014－01－01～2014－10－31	15	3047.15
我国宁夏全省	2014－01－01～2014－10－31	15	—

2014 年 1～10 月我国宁夏全省风电装机容量逐月变化的情况如表 2－5 所示。

表 2－5　　　　　　　2014 年 1～10 月我国宁夏风电装机容量

月份	装机容量（MW）	月份	装机容量（MW）
1 月	3166.4	6 月	3536.4
2 月	3289.4	7 月	3536.4
3 月	3338.9	8 月	3684.7
4 月	3486.9	9 月	3684.7
5 月	3486.9	10 月	3832.9

（2）15min 与 1h 波动性分析。统计葡萄牙和我国宁夏两者 15min 风电功率波动的概率分布并对比，结果如图 2－16 所示。可知在相同的分析时段内，葡萄牙风电功率 15min 波动性较我国宁夏的集中度更高，葡萄牙风电功率±0.025 以内的波动高于我国宁夏，而±0.025 以外的波动低于我国宁夏，说明我国宁夏风电功率波动性高于葡萄牙。

---

❶ 可预报性是指利用一个给定的观测网能够预报未来大气状况的程度，是天气预报在时效上的一种上限。

❷ 葡萄牙 2014 年风电装机容量与我国宁夏 2014 年时的装机容量大体相当，且两者的面积也大体相当，故选择两者进行对比分析。

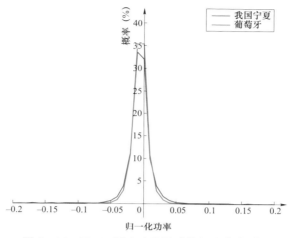

图 2-16　15min 风电功率波动的概率分布对比

葡萄牙和我国宁夏两者 1h 风电功率波动的概率分布对比如图 2-17 所示。1h 间隔下功率波动分布结果进一步验证了 15min 波动性分析的结果，在低波动范围内，葡萄牙低风电波动的概率分布高于我国宁夏，高波动的概率分布低于我国宁夏。

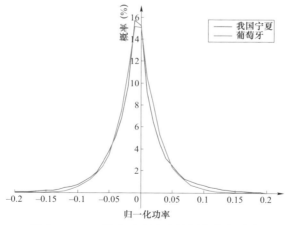

图 2-17　1h 风电功率波动的概率分布对比

（3）逐日最大波动幅值。葡萄牙和我国宁夏逐日最大波动幅值分布对比如图 2-18 所示。可知葡萄牙和我国宁夏每日最大波动幅值主要集中在装机容量的 30%左右。小于 30%装机容量的日波动幅值，葡萄牙高于我国宁夏；大于 30%装机容量的日波动幅值，我国宁夏高于葡萄牙，说明我国宁夏的风电功率波动性高于葡萄牙。

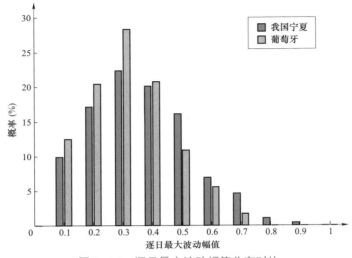

图 2-18　逐日最大波动幅值分布对比

（4）逐日标准差。逐日波动标准差分布如图 2-19 所示，与逐日最大波动幅值分布较为相似，波动标准差分布主要集中在 10%左右，当逐日标准差小于 10%时，葡萄牙高于我国宁夏；当逐日标准差大于 10%时，葡萄牙低于我国宁夏，印证了风电功率波动性葡萄牙低于我国宁夏。

（5）自相关性分析。采用自相关分析方法，对葡萄牙和我国宁夏地区的风电序列进行分析，自相关性分析序列如图 2-20 所示。可知葡萄牙和我国宁夏风电序列的自相关系数均在较短延时内急剧下降，说明两者均为平稳序列，但我国宁夏的风电功率序列自相关系数在短时内下降为 0，而葡萄牙的风电功率预测则下降到 20%左右，并维持了较长时间才降低至 0，说明葡萄牙风电功率序列的自相关性高于我国宁夏，即前者的规律性高于后者。

（6）波动过程统计。以装机容量的 30%和 70%作为阈值，分别对葡萄牙和我国宁夏的风电功率序列进行波动过程划分，统计不同波动的情况，结果如表 2-6 所示。

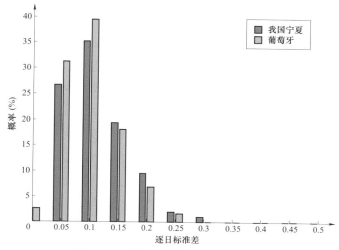

图 2-19　逐日波动标准差分布对比

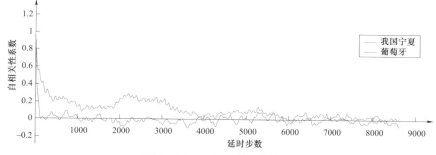

图 2-20　自相关性分析序列

表 2-6　葡萄牙和我国宁夏的风电功率序列不同波动情况统计

波动情况	葡萄牙	我国宁夏	相对百分比（%）
大波动次数	8	23	287.5
中波动次数	76	89	117.1
小波动次数	82	116	141.5
总波动次数	166	228	137.3
年利用小时数	2690	1707	63.5

　　由表 2-6 可以看出，在相同时段内，在相同数据量情况下，葡萄牙风电功率各波动的数量均低于我国宁夏风电功率，说明葡萄牙风电的波动过程数小于我国宁夏，但每个波动过程的持续时间长于宁夏，说明我国宁夏地区的

波动性更强，从预测角度看，该地区的可预报性较差，预测难度更大。

2.4.2 气象预报性能的时空差异性分析

采用相同的气象数值模型，对我国不同区域的预报性能进行横向对比分析。分别在新疆、甘肃、宁夏、江苏选取了数据质量较好的风电场，对相同气象数值模式下获得的 2017 年 3 月风速预报结果进行了对比分析，如图 2-21 所示。从图 2-21 可以直观看出，相同气象数值模式下不同区域获得的预报结果性能存在差异，江苏等沿海地区风速预报结果与实际风速的一致性高、西北等内陆地区风速预报结果与实际风速的一致性较沿海地区低。相同气象数值模式下不同区域的预报误差情况如表 2-7 所示。

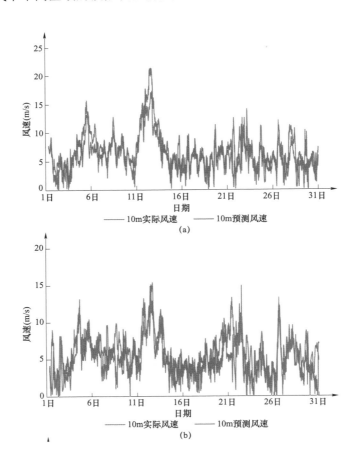

(a)

(b)

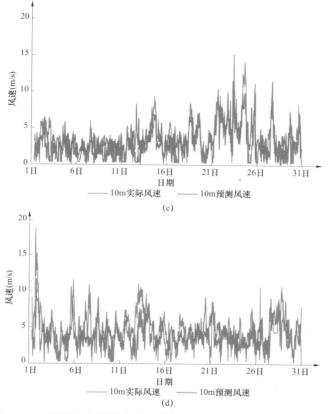

图 2-21　相同气象数值模式下获得的 2017 年 3 月风速预报结果

（a）甘肃；（b）新疆；（c）宁夏；（d）江苏

表 2-7　　　相同气象数值模式下不同区域的预报误差情况

风电场所在省（自治区）	均方根误差（m/s）	平均绝对误差（m/s）	相关系数
新疆	2.32	1.77	0.59
甘肃	2.35	1.80	0.64
宁夏	2.00	1.57	0.60
江苏	2.18	1.65	0.81

　　表 2-7 的结果进一步验证了不同时空下风能资源预报性能存在差异的结论。事实上，我国风能资源预报误差存在"北高南低、西高东低"的特点。

第 3 章

面向风力发电预测的数值天气预报

数值天气预报（NWP）可为风电功率预测提供气象要素的变化信息，是风电功率预测的基础。不同于公共气象服务，应用于风电功率预测的 NWP 对预报数据的时间分辨率、空间分辨率、预报时长等有其特殊要求。NWP 技术较为复杂，影响风速、风向等参量预报精度的原因较多，需采用针对性的方法降低预报误差。

3.1 数值天气预报的概念及特点

1950 年，数学家、计算机学家冯·诺依曼同气象学家罗斯贝合作，在普林斯顿高级研究所，使用世界上第一台电子计算机 ENIAC 成功进行了世界上首次数值天气预报。此后，随着电子计算机的快速发展，NWP 技术得到了长足进步。

3.1.1 数值天气预报的基本概念

NWP 是指在给定初始条件和边界条件的情况下，通过数值分析方法求解描述大气运动的方程组，由已知的大气初始状态预报未来时刻大气状态的方法。

NWP 模式分为两种，一种是全球模式，另一种是区域模式。全球模式覆盖整个地球，其目标是预报全球的天气状况，目前世界上主要的全球模式包括美国的全球预报系统（global forecast system，GFS）、欧洲的欧洲中期天气预报中心（European centre for medium-range weather forecasts，

ECMWF）、加拿大的全球多尺度预报（global environmental multiscale，GEM）模式、日本的全球谱模式（global spectral model，GSM）等；我国的全球模式主要为 T639 和全球/区域同化和预测系统（global/regional assimilation and prediction system，GRAPES）模式。由于全球模式的水平空间分辨率一般在几十千米量级、时间分辨率在 3h 及以上，分辨率较低，所以在风电功率预测中，全球模式的主要作用是为区域气象模式提供必需的背景场数据，包括初始条件和边界条件。全球模式的预报数据是各个国家开展气象预报的主要参考信息。

区域模式水平空间分辨率一般在几千米量级，时间分辨率可提高到 15min，能够更准确地模拟微地形、微气象等对风速变化的影响，风速、风向等气象参量的预报结果较全球模式更为精确，从而可以更加有效地支撑风电场发电功率预测。目前较为著名的区域模式包括美国的天气研究和预报（weather research and forecasting，WRF）模式、跨尺度预测模式（model for prediction across scales，MPAS），以及我国的中尺度全球/区域同化和预测系统（global/regional assimilation and prediction system-meso，GRAPES-MESO）等。区域模式的运行流程一般可以分为数据输入及预处理、主模式、后处理三部分，具体流程如图 3-1 所示。

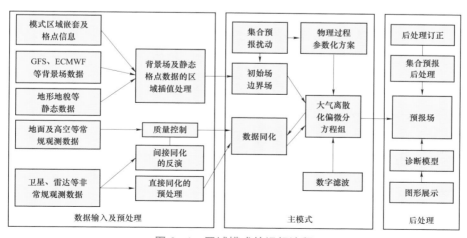

图 3-1　区域模式的运行流程

3.1.2 适用于风力发电功率预测的数值天气预报特点

NWP 可以输出多种气象要素，对于风电功率预测而言，主要关注和风电功率密切相关的气象要素，如风速、气压、气温等，且对预报结果的时空分辨率和预报时长等参数有特定要求，具体来说，适用于风电功率预测的 NWP 具有如下特点：

（1）关注风速等气象要素。风电机组的功率与风速的三次方成正比，风速的大小直接决定了风电功率的大小，因此功率预测中最关键的气象要素是风速。同时，风电机组功率大小还与空气密度相关，而空气密度与气压、温度等要素相关。此外，NWP 误差与天气类型有关，不同的天气类型可通过风向、湿度等参量进行综合判断。因而，为了提高预测精度，在实际的预测模型中，往往还需要引入风向、温度、气压、湿度等要素。

（2）空间分辨率要求更高。目前，风力发电主要利用近地面风能资源，近地面风速受局地地形和地貌影响显著，同一风电场内，不同风电机组处的风速差异可达到 20%以上。因此，为了保障风电功率预测精度，要求 NWP 应尽可能地提高空间分辨率，以提升对微尺度地形、地貌描述的精细化程度，进而提高对风速、风向等微气象要素的模拟精度。目前区域模式已普遍将空间分辨率提高到 9km×9km 以上。

（3）时间分辨率需与电力调度要求一致。风电功率预测的目的是将风电纳入调度计划，提升风电消纳能力。目前，发电计划编制通常采用的时间分辨率为 15min，这就要求风电功率预测结果的时间分辨率需与其保持一致，对应的 NWP 各气象参量的时间分辨率也应为 15min。

（4）定量化预报。有别于公共气象服务的范围预报，用于风电功率预测的 NWP 需实现定量预报，即需要给出特定时间、特定位置处相关气象要素的具体值，如某风电场，2018 年 7 月 22 日 10 时 30 分的风速为 10.2m/s、风向为 93°等。随着集合预报技术的发展，目前的天气预报除了给出定量的预报外，还会给出其发生的概率大小。

（5）预报时长至少 72h。为了在电源的机组组合优化中考虑风电功率预测结果，这就要求风电功率预测的有效时间长度至少为 3 天，相应地 NWP 的时间长度也应在 3 天以上，未来还需进一步延长到 7 天。

3.2　数值天气预报对风力发电功率预测精度的影响

NWP 给出的风速等关键气象要素预报结果，是风电功率预测模型最重要的输入参数，也是影响功率预测精度的关键因素。

3.2.1　敏感性分析

在风电场功率未达到额定水平阶段，风电场功率与风速的三次方近似成正比关系，此时功率对风速的变化非常敏感。典型风电机组的功率曲线如图 3-2 所示，当实际风速为 8m/s 时，若预报风速为 9m/s，虽然仅相差 1m/s，但预测功率的误差将达到 20.5%，因此，功率预测对于 NWP 的误差非常敏感。

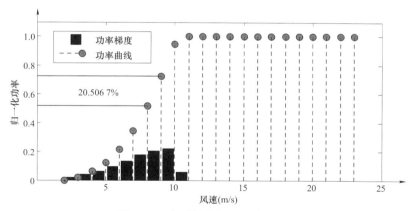

图 3-2　典型风电机组的功率曲线

从风速的预报表现来看，不同地区、不同预报尺度、不同天气类型下的误差水平不同。一般而言，地形复杂、地貌多样地区的预报误差大于地形平缓、地貌单一地区，小尺度天气过程的预报误差大于大尺度天气过程，极端天气下的预报误差大于常规天气。对于我国来说，西北地区的风速预报误差一般高于东部沿海地区，主要是由于西北地区地形复杂、主导天气系统多样、局地气象显著，且观测数据稀少。

风力发电功率预测技术及应用

一般来说，风速预报误差总体上表现在三个方面（如图 3-3 所示）：① 幅值偏差，即模式准确预报了波动过程，但对波动过程的极大值和极小值预报不准确，出现了数值上的偏差；② 相位偏差，即波动过程预报准确，但波动过程出现的时间和实际有差异，表现为预报过程较实际发生时间提前或滞后；③ 其他偏差，即不能归结为前两种偏差，表现为没有预报出实际的波动过程，这往往出现在模式对天气过程的模拟出现较大误差时。在实际的功率预测中，常常会遇到由大风过程引起的风电功率爬坡事件，这些波动过程受以上几种误差影响，会引起较大的功率预测误差。

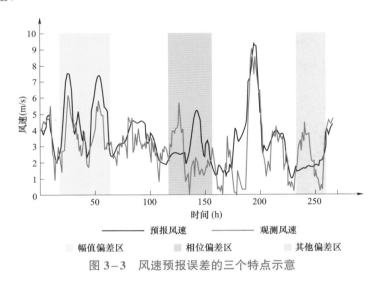

图 3-3　风速预报误差的三个特点示意

此外，当预报的小尺度变化信息缺失时，风速预报结果表现为序列过于平滑，对实测气象数据中丰富的小尺度波动信息缺乏捕捉能力。风电功率预测误差分布示意如图 3-4 所示，图中展示了 2015 年 7 月某省连续 3 周的实际功率和预测功率，其中红色部分的幅值误差和相位误差均较小，其误差主要由小尺度波动信息缺失引起，误差占比总体小于 10%。此类误差的产生原因，在于数值模式对于小尺度的大气波动缺乏捕捉能力，目前的技术水平下，较难准确预测此类小尺度波动。此类误差需引入实测气象数据，通过超短期尺度下的临近预报突破。

38

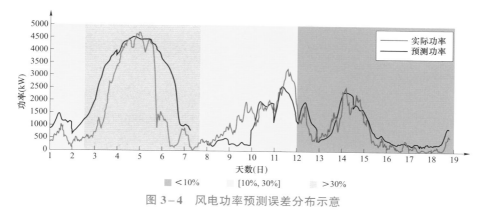

图 3-4　风电功率预测误差分布示意

3.2.2　预报误差原因分析

从 NWP 理论的角度来看，风速预报误差由多方面原因导致。① NWP 模式为离散化计算系统，以离散的时间点、空间点来代替连续的时间、空间，必然会引入相关误差。② 观测数据能够提高风速预报精度，但不可避免地存在异常观测数据，异常观测数据同化进入 NWP 模式时，反而进一步产生误差。③ 大气层同其他气候系统圈层（水圈、陆地圈、冰雪圈和生物圈）的相互作用机理非常复杂，理论认识还不够深入，而且描述次网格❶微尺度物理过程，如大气湍流、辐射、相变、化学反应等微尺度过程的参数化方案也存在误差。④ 也是最重要的，大气系统是一个极其复杂的非线性系统，描述其动力、热力过程的偏微分方程组对初始误差具有高度敏感性，初始误差会随着计算时间的延长不断积累，导致初始条件"失之毫厘"，计算结果"差之千里"。由于以上原因，NWP 的误差不可避免，只能降低，无法消除，需使用各种方法和技术不断降低预报误差。

上述四种预报误差原因，虽然有一些共性，但同时也各有其特殊性，分述如下。

（1）幅值偏差。对于风速来说，虽然中尺度区域模式的水平空间分辨率已经达到千米级别，但由微尺度地形、地貌引起的局部加速或减弱现象，当前的中尺度区域模式仍做不到精确描述，造成预报存在系统性的幅值偏

---

❶ 次网格是指小于 NWP 模式设定网格大小的网格，主要用于提高对小尺度天气过程的模拟能力。

差。此外，大气湍流是影响高空风速动量下传的重要因素，涉及大气湍流的边界层过程、陆面过程等参数化方案，这些过程都很难精确描述，从而造成系统性的幅值偏差。

（2）相位偏差。对于风速来说，出现相位偏差意味着虽然正确预报了相应天气过程，但天气系统对应的时空特征（时间和空间位置）出现了偏差。比如某个大风过程出现了约 1h 左右的相位偏差，假设平均风速约为10m/s，风向不变，则对大风天气系统的预报位置就出现 36km（10m/s×3600s）的偏离。造成相位偏差的原因可能是大尺度背景场出现了偏差，或参数化方案等方面的原因。

（3）其他偏差。在实际预报中，存在 NWP 未能预报出实际的波动过程或预报出完全相反的波动过程，从而产生较大的预报误差，其原因可能在于背景场、参数化方案、微地形、观测数据、计算精度等多个方面，但更大的可能性是该地区或该时段的 NWP 对于初始误差的敏感性较高。

NWP 对于初始误差的敏感性试验如图 3-5 所示。图中为江苏和宁夏的两个风电场对应的 46 个 NWP 集合预报成员的风速预报结果，不同预报成员的初始条件略有差异，但都保持在相对较小的偏差范围内，以观察成员的偏差范围随时间的演化情况。可以看到，二者的偏差范围演化情况差别较大。江苏的偏差范围分布较窄，且波动的相位、幅值都较为一致，说明该地点、该时间段的 NWP 对于初始时刻的误差敏感性较低。而宁夏各个成员的预报结果随时间演变发生明显的分叉，不同成员的偏差范围越来越大，甚至某些时刻波动的相位完全相反，说明该地点 NWP 对初始时刻的误差非常敏感，很容易造成较大的预报误差。

（4）小尺度波动信息缺失。目前的 NWP 对于小尺度的气象波动捕捉能力不足，主要原因在于模式空间分辨率过低。模式为保持计算稳定性，空间分辨率和时间分辨率的比例保持为一定的常数，因此空间分辨率与时间分辨率具有同一性，使得较低的空间分辨率和时间分辨率无法准确把握小尺度的快速波动。

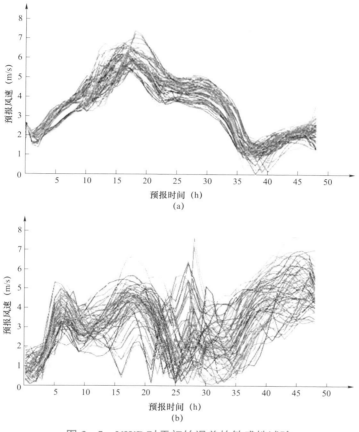

图 3-5　NWP 对于初始误差的敏感性试验

（a）江苏某风电场；（b）宁夏某风电场

　　举例来说，发电计划的编制要求风速预报时间分辨率为 15min，相应的要求 NWP 模拟出逐 15min 的风速波动变化情况，假设 15min 前后的水平风速变化为 1m/s，那么与此波动相对应的气象结构的水平尺度应为 900m（1m/s×900s），这就要求区域模式的水平空间分辨率至少应设置为 900m，但现阶段的区域模式水平空间分辨率一般在几千米范围，无法捕捉该类波动。此外，从数值计算理论上来说，为准确模拟出一个结构的变化，网格分辨率应为该结构的尺度除以 10，也就是说，900m 的水平空间分辨率虽然可以分辨出这种波动，但很难计算准确。为准确模拟出这个 900m 尺度的波动变化，理论上水平空间分辨率应为 90m。

3.3 国内外技术进展

国内外风电功率预测所采用的 NWP,一般是将全球模式作为区域模式的背景场,然后采用动力降尺度获得精细化预报结果。国内外全球模式和区域模式的相关研究进展情况介绍如下。

3.3.1 全球模式

全球模式是一个复杂的系统工程,背景场精度的提升需要在动力框架、同化方法、计算方案、参数化方案、软件工程等多个方面取得突破,还需要不断提升计算机性能以进一步提高模式分辨率。此外,还需要不断提升全球各个国家和地区的气象观测水平,包括增加观测站点数量、提高观测数据质量,以及促进数据共享等。除了国家级的气象机构外,其他小型气象机构和个人很难开展全球模式的预报业务。

1975 年成立的 ECMWF 是迄今为止全球模式研发水平最高的机构,其全球数值预报的技巧如图 3-6 所示,包括北半球和南半球的 3 天、5 天、7 天和 10 天的预报技巧曲线。按照气象领域的界定规则,预报技巧的数值

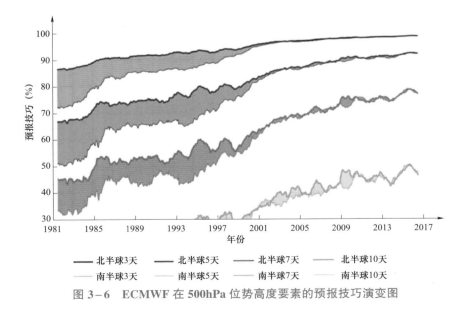

图 3-6 ECMWF 在 500hPa 位势高度要素的预报技巧演变图

超过 60%表示预报结果可用；超过 80%表示预报准确性高。从图 3-6 中可以看出，过去四十年间，预报技巧每十年就能提高大约 1 天，目前第 6 天的预报准确性水平，已与十年前第 5 天的预报准确性水平相当（1999 年之后北半球和南半球曲线的收敛，是因使用了变分方法同化卫星资料而带来的突破）。因此，全球模式背景场精度的提升是一个缓慢的过程。美国国家环境预报中心（National Centers for Environmental Prediction，NCEP）的 GFS 模式背景场使用较为广泛，为了在预报精度上追赶 ECMWF，GFS 模式于 2019 年 6 月升级为 FV3 模式，其预报精度理应得到一定的提升，但提升效果仍需随时间进一步检验。

我国的全球模式由中国气象局研发完成，目前的业务化模式为 T639 和 GRAPES。T639 的核心技术引自国外，GRAPES 是我国自主研发的全球模式。目前 GRAPES 的各项技术指标已超过 T639，虽然综合指标与国际一流水准尚存一定差距，但部分要素的预报能力已经接近 ECMWF 的预报水平。

全球模式十分复杂，其预报过程需要耗费庞大的计算资源，随着空间网格分辨率的提高，对计算资源的需求呈指数级增加。随着计算机速度的提升，全球模式的分辨率得以不断提升，促进了风速等气象参数预报精度的提升。表 3-1 是目前主要全球模式的背景场信息，最高水平分辨率均达到了 $0.25° \times 0.25°$ 左右，其中 ECMWF 达到了 $0.1° \times 0.1°$。但精细化的同时带来了背景场数据量大、下载时间长、时效性降低的问题，因此工程应用中许多机构仍使用分辨率较低的 $0.5° \times 0.5°$ 背景场。

表 3-1　　　　　　　　　主要的全球模式背景场信息

背景场	来源	水平空间分辨率（最高）	时间分辨率（h）	预报时长（日）
GFS	美国	$0.25° \times 0.25°$	1	16
ECMWF	欧洲	$0.1° \times 0.1°$	1	10
GEM	加拿大	$0.24° \times 0.24°$	3	10
GSM	日本	$0.25° \times 0.25°$	3	11
GRAPES	中国	$0.25° \times 0.25°$	3	10
T639	中国	$0.28° \times 0.28°$	3	10

未来全球模式的分辨率将越来越精细化，将聚焦于改进云微物理过程、积云对流过程、陆面过程、地形效应等参数化方案的微尺度适用性，并且注重大气同陆地、海洋之间的耦合效应。在数据同化方法上，趋于使用四维变分、集合、卡尔曼滤波等方法的混合同化，吸收越来越丰富的卫星等观测资料，通过各环节综合的技术进步，改进风速等气象参量的预报精度。

3.3.2 区域模式

区域模式的水平分辨率一般在几千米量级，能够实现对影响风速预报精度的云微物理、微地形、陆面过程、边界层过程等更为细致的描述，能够动力解析局地对流过程，且可以实现对局地卫星、雷达等资料高频率的同化，可在全球模式基础上进一步提升对风速等气象参量的预报精度。

由美国国家大气研究中心（National Center for Atmospheric Research，NCAR）研发的 WRF 模式是应用最广泛的区域模式，经过二十余年的发展，WRF 模式具备了先进的数值方法和物理过程参数化方案，同时具有多重网格嵌套能力，对风速的预报效果较好。WRF 的数据同化接口较多，如WRF–DA、GSI、DART 等主流同化系统均可与 WRF 兼容，为局地数据同化带来了便利。WRF 广泛应用于风场预报，此外，美国的多普勒天气雷达四维变分同化分析系统（variational doppler radar analysis system，VDRAS）、高分辨快速更新（high-resolution rapid refresh，HRRR）等区域模式采用独立的动力框架和数据同化方法，尤其是可实现对高频雷达数据的同化，对于局地强风事件的预报效果较好。我国自主研发的区域模式GRAPES–MESO，目前已实现了 3km×3km 分辨率的业务运行。不同于全球模式，一般的机构或个人也可改进开源的区域模式，从而促进区域模式的不断进步。

3.4 提升风能资源预报精度的关键技术

根据 NWP 误差产生的原因，以及风电功率预测技术对 NWP 的具体需求，提升风能资源预报精度可通过优化区域模式初始条件、开展集合预报等技术实现。

3.4.1　区域模式初始条件优化

区域模式的运行建立在初始条件和边界条件基础上，对于风电功率的短期预报而言，初始条件比边界条件的影响更显著（前提是预报区域较大，边界条件对于内部计算网格的短期影响较弱），初始条件在很大程度上决定了短期预报的准确性。初始条件精度的提升主要在于以下几个方面。

（1）利用气象卫星和雷达等观测数据进行同化。数据同化的含义是将观测数据实时吸收进模式，然后在时间和空间格点上对初始场进行校正，使初始场更加贴近实际情况。我国风电场主要分布在"三北"地区，然而"三北"地区的气象观测站点较为稀疏，气象卫星和雷达等观测范围广，是"三北"地区气象观测数据的重要补充，可通过气象卫星和雷达数据的同化来改进区域模式的初始场精度，进而提升风速预报的精度。我国常用的卫星数据特征信息如表 3-2 所示。

表 3-2　　　　　　　　　我国常用的卫星数据特征信息

类型	名称/型号	空间分辨率（可见波段）(m)	时间分辨率/每日过境次数
静止气象卫星	中国 FY-2	1250	30min
	中国 FY-4	500	15min
	日本葵花 8	500	10min
极轨气象卫星	中国 FY-3	250	3 次
	欧洲 METOP	1100	3～4 次
	美国 NPP	400	3 次
	美国 NOAA 系列	1100	1～4 次
	美国 TERRA	250 000	2 次
	美国 AQUA	250 000	3 次

气象卫星和雷达的观测量主要为辐射率或回波强度，常用的方法是直接同化法，该方法不需要反演气象要素，可在原始辐照率观测数据的基础上，采用变分法直接对资料进行同化。卫星和雷达的同化可提高地面温度、辐照度、水汽、气溶胶、沙尘、云量等气象参数初始场的精度，这种同化方法称为云分析。此外可通过识别卫星、雷达观测资料中特征云块的位置，并对每个时刻的位置进行追踪，以反演出风速和风向，然后再进行同化，

最终改进风场预报精度。

（2）利用风电场的测风数据进行同化。根据《风电功率预测系统功能规范》（NB/T 31046—2013），风电场应建设测风装置，以实现对 10、50m 及轮毂高度的风速、风向等要素的监测。将风电场实测气象数据同化进入 NWP 模式可有效提升模式初始场精度。需要注意的是，模式中如果仅同化一个场站的观测数据，那么同化仅能在预报前几个小时起作用，这是由于单独一个观测点对初始场的校正作用会随着大气的运动而"流走"；如果接入场站群的观测数据实现观测数据由"点"到"面"的扩展，将能有效延长同化的时效。接入场站的观测数据越多、观测空间范围越广，同化时效越长。

3.4.2　集合预报方法

为应对 NWP 的初始误差敏感性问题，可采用集合预报方法。集合预报一般是考虑物理过程的不确定性，构建多种参数化方案的组合来进行集合预报；或是通过对初始条件进行扰动，得到同时刻的一系列初始场成员，再分别向前进行集合预报。集合预报成员一般选取预报评分比较接近的成员，各成员构成的整体离散度能够有效反映预报的不确定性范围。一个较为合理的集合预报示例如图 3-7 所示，该示例为 10 个预报成员组成的集合预报，各成员的预报技巧接近，未出现某个集合成员特别准确或特别不准确的情况，因此，集合预报结果较为合理。

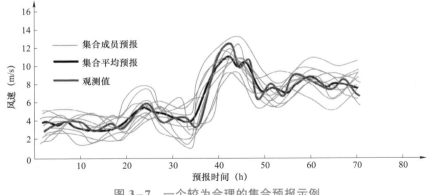

图 3-7　一个较为合理的集合预报示例

集合预报能够有效反映真实大气中最有可能出现的一个预报值：集合平均预报。集合平均过滤了可预报性较低的随机成分，结果较为稳定和准确。另外，用户不但能获得预报值信息，还可通过集合成员间的离散度，度量预报结果可能出现的误差分布情况，用户可以结合概率信息做出更为全面的决策。

集合预报的两种构建方法，即初始场扰动方法和多物理过程参数化方案组合方法，分别具有不同的预报效果。相关研究表明，初始场扰动方法适合反映大尺度天气系统的集合离散度，而多物理过程参数化方案组合方法适合反映小尺度天气系统的集合离散度。初始场扰动方法的缺点是要构建较多的集合预报成员才能够实现对离散度范围的估计，耗费计算资源大。多物理过程参数化方案组合方法相对初始场扰动方法更为经济和便捷，可通过少量的成员反映出微地形、微气象因素形成的集合离散度，且无须初始场扰动的复杂前处理过程，仅通过改变参数化方案组合或者调整参数值即可实现。多物理过程参数化方案组合方法的缺点是对大尺度天气系统的贡献不够。此外，现在越来越多的人开始使用基于多中心背景场的集合预报方法，取得了较好效果。

3.4.2.1　初始场扰动方法

初始场的扰动设计需满足一定原则：① 扰动场的特征大致上与实际分析资料中可能出现的误差分布保持一致，主要目的是尽量保证叠加后的每个初始场对大气实际状态的代表性具有同样的可能性；② 扰动场在模式中的演变方向应尽可能大地发散，目的是保证预报集合中最大可能地包含实际大气的可能状态。初始场扰动方法可以分为两类，一类是随机初始扰动方法，另一类是考虑大气实际动力学结构的扰动方法。

随机初始扰动方法中较为经典的是蒙特卡洛法，此方法考虑了实际大气资料中可能存在的误差分布情况，对气象场的垂直和水平结构进行符合实际幅度的扰动，即扰动的振幅符合预报的误差统计情况，但扰动通过随机选取，不考虑当时大气的实际动力特征。该方法下，预报集合成员间的离散度较小，为了使离散度满足要求，需要增大初始扰动数量。受计算机计算资源限制，集合预报成员数目不能无限增多，导致集合预报的离散度增长速度较慢。目前这种方法在主流气象机构的风速预报业务中已很少使用。

为满足成员间离散度的要求，研究人员提出了考虑大气实际动力学结构的扰动方法，该类方法不再无目标地提升扰动数量，而是将扰动集中于误差快速增长的动力学结构，从而可大幅减少扰动样本数量。目前主流的方法有欧洲 ECMWF 使用的奇异向量法、美国 NCEP 使用的繁殖向量法等。奇异向量法利用数值模式中的切线性模式和伴随模式，结合稳定性分析，计算出切线性模式的奇异值和奇异向量，最大奇异值对应的奇异向量即为增长最快的扰动，在风速预报业务中将扰动数量优先配置于奇异向量对应的动力学结构。繁殖向量法由模式反复生成初始场，每个循环的扰动离散传递至下一循环，通过离散度的循环增长，使离散度高速增长型的比重不断增大，直至饱和。基于上述两种方法，ECMWF 提出了演化奇异向量法，即在奇异向量法中引入繁殖向量法的思想，改进传统方法中存在离散度不增长的部分、扰动结构受同化分析切线性模式处理过程影响、计算量较大等缺陷，取得了更佳的集合预报效果。

3.4.2.2 多物理过程参数化方案组合方法

物理过程参数化方案是指描述大气的辐射、对流、扩散、降水、云等微物理过程的统计参量。目前某个特定物理过程存在多种参数化方案进行描述。WRF 模式是一种中尺度天气预报模式，其常用的参数化方案如表3-3所示。

表3-3　　　　　　　　　WRF 模式中常用的参数化方案

物理过程	参数化方案名	方案特征
微物理	Kessler	暖性降水（无冰水）方案
	Lin	包含冰、雪、霰过程，适用于实时数据高分辨率模拟的方案
	New Thompson	包含冰、雪和霰过程，及雨滴数浓度，适用于高分辨率模拟
长波辐射	RRTM	快速辐射传输模式
	GFDL	包含二氧化碳、臭氧和微物理效应的较老的多波段方案
	CAM	考虑气溶胶和痕量气体的方案
短波辐射	Dudhia	考虑云和晴空吸收与散射的向下积分方案
	Goddard	考虑气候态臭氧和云效应的双束多波段方案
	GFDL	考虑气候态臭氧和云效应的双束多波段的 Eta 业务方案

物理过程	参数化方案名	方案特征
陆面过程	Noah	考虑四个不同层次上土壤温度和湿度、积雪覆盖面积和冻土物理过程的方案
	RUC	考虑六个层次的土壤温度和湿度，以及多层的积雪和冻土物理过程的方案
	Pleim-Xiu	考虑植被和次网格覆盖的方案
边界层	MYJ	考虑局地垂直混合的一维诊断湍流动能的方案
	ACM2	考虑非局地上升混合与局地下沉混合的非对称对流的方案
	MRF	将显示处理的卷入层视为 $Non-local-K\ mixed\ layer$ 混合层一部分的方案

　　构建基于多物理过程参数化方案的集合预报系统方法可分为两种：
① 挑选出合适的多套参数化方案组合构成集合成员；② 在同一套参数化
方案组合的基础上，对方案中的敏感因子进行随机扰动构成集合成员。

　　第一种方法主要是根据预报区域的气候特点，选择理论上可能的参数
化方案组合。尤其是对该区域物理过程中的一些不确定性强且对预报结果
很敏感的部分，如影响风场的边界层方案、陆面过程方案等，选择多套参
数化方案组合，每套组合构成一个集合预报成员。各成员除参数化方案不
同外，其他设置均相同。然后通过数值敏感性试验，各成员共同模拟回算
预报区域的历史数据，然后与局地历史观测数据对比，遴选出预报技巧接
近的预报成员。

　　第二种方法的理论基础是假设物理过程参数化方案的误差具有随机
性，因此，在 NWP 方程中的物理过程参数化方案项上乘上一个随机数来
表达其不确定性，表征 NWP 的基本方程为

$$\frac{\partial x}{\partial t} = \frac{\partial x_{dyn}}{\partial t} + (1+r)\frac{\partial x_{par}}{\partial t} \qquad (3-1)$$

式中　　　　x——风速、温度、湿度等基本变量；

　　　　$\dfrac{\partial x_{dyn}}{\partial t}$——基本变量（大气运动基本运动方程）的时间变化；

$(1+r)\dfrac{\partial x_{\text{par}}}{\partial t}$——物理过程参数化方案项❶；

        r——随机扰动场，是一个与积分时间和大气运动波长相关、且取值范围在$[-1,1]$之间的高斯噪声函数。

3.4.2.3 多中心集合预报方法

以上两种方法均是基于同一种全球模式背景场。近期的研究发现，来自不同业务中心的全球模式背景场的简单集合平均要比单个预报的技巧高。通过区域模式进行降尺度之后，其集合平均结果仍然高于单个预报。因此，近年来，研究人员更多地使用多种全球模式背景场来构建集合预报成员。

多中心集合预报的优势显而易见。目前 ECMWF、NCEP、中国气象局（China Meteorological Administration，CMA）等机构都建立了独立研发的全球业务预报系统，多中心初始场构成的离散度要比任何一个单一中心能更全面地覆盖不确定性范围。旨在提高 1～14 日的天气预报准确率的国际组织 TIGGE（THORPEX Interactive Grand Global Ensemble）于 2005 年启动，其目的是增强国际间对多中心集合预报的合作研究。目前由澳大利亚、巴西、法国、韩国、加拿大、美国、欧洲中期天气预报中心、日本、英国和中国等 10 个业务或准业务机构向 TIGGE 资料库提供背景场预报资料，基于 TIGGE 多背景场的集合平均预报较单个中心的预报精度均具有不同程度的提高。

3.4.3 预报结果后处理订正

对于业务化运行的模式来说，相同或近似天气类型的预报结果往往非常接近，同样天气类型下的系统性偏差将会不断地"重现"。在具备一定量的实测气象观测数据后，可建立预报模式的统计后处理订正模块，即结合模式输出统计（model output statistic，MOS）、神经网络、支持向量机、非线性回归、最小偏二乘估计、卡尔曼滤波、相似误差订正等方法，经过长

---

❶ 由于物理过程的尺度往往非常小，无法通过大气运动基本方程的离散化网格来直接计算，因此需额外增加此物理过程参数化方案项，代表了次网格物理过程对一个网格变化的统计平均贡献。

时间的训练或动态优化估计等，实现对风速预报的订正。此外，针对微地形引起的风速变化，可耦合中尺度 NWP 模式和小尺度流场诊断模式，如 CALMET、WAsP、WindSim、Fluent、OpenFOAM 等小尺度模式，诊断出微地形引起的小尺度风场变化进行订正，这些小尺度模式的地形分辨率一般都为几十到几百米量级，使用了线性或非线性流体力学的风场计算方法，可有效改善由微地形引起的近地层风速误差。

3.4.3.1　统计后处理订正

在各种统计后处理订正方法中，使用最为广泛的是 MOS 方法、卡尔曼滤波方法及相似误差订正方法。MOS 方法一般经过长达数年的数据训练可实现对风速预报精度的有效校正，但其缺点在于对短期天气变化的订正效果不佳。卡尔曼滤波方法是一种动态的自适应回归优化方法，只需要较少的数据样本和较短的训练期（一般只要 1～2 周左右），就能够快速适应天气过程、季节的变化以及模式的升级，较好地订正预报模式的偏差，尤其适合风电场所处的边界层区域；但其缺点是对极端的误差事件，即由剧烈的天气过程转变而引起的快速误差变化订正效果不佳。

相似误差订正方法近年来得到了很多关注，其原理是认为历史预报和当前预报具有一定的相似性，将时间顺序排列的预报变换到相似空间上，找出同当前预报相似的历史预报误差，并根据误差对当前预报结果进行修正。其特点在于既使用了统计方法，又结合了预报模式的动力特性，对于短期天气剧烈变化引起的误差变化具有较好的适应性。

相似误差订正方法首先将预报序列由时间顺序变换到相似空间，再根据与当前预报的相似度对历史预报进行分级，认为从距离当前最远到最近分别是最差的和最好的相似预报，对相似度高的预报赋予更大的权重。该方法的关键是定义合适的距离来度量历史预报同当前预报的相似程度，以刻画出时间变化趋势的相似度。特定时间和地点的预报同历史预报之间的距离可以定义为

$$\left\| F_t, A_{t'} \right\| = \sum_{i=1}^{N_v} \frac{w_i}{\sigma_f} \sqrt{\sum_{j=-\bar{t}}^{\bar{t}} \left(F_{i,t+j} - A_{i,t'+j} \right)^2} \qquad (3-2)$$

式中 F_t ——t 时刻需要订正的当前预报；

           $A_{t'}$ ——t' 时刻的历史预报；

      N_v、w_i ——相关物理变量的数量、权重，v 表示变量；

           σ_f ——针对某个变量过去预报的时间序列的标准差，f 表示预报；

           $\overline{t}$ ——计算距离的时间窗（有效影响的范围）长度的一半；

$F_{i,t+j}$、$A_{i,t'+j}$ ——对某个给定变量在时间窗内的当前预报和历史预报的具体值。

选择和风场预报量（比如风速）有关的变量，如风速、风向、气压等，根据变量对预报量的影响大小赋予不同的权重值 w_i，σ_f 的作用是对不同的物理量进行标准化，使它们在量级上相当。

订正后的预报定义为相似历史预报的观测值的加权平均

$$N_t = \sum_{i=1}^{N_a} \gamma_i O_{i,t_i} \qquad (3-3)$$

式中 N_t ——t 时刻对预报的订正值；

       N_a ——相似历史预报的数目，a 表示相似；

       O_{i,t_i} ——之前定义的最好的 N_a 个相似预报的观测值，$i = 1, \cdots, N_a$；

       t_i ——相似预报起报的时间。

每个相似预报的权重 γ_i 为

$$\gamma_i = \frac{1 / \left\| F_t, A_{i,t_i} \right\|}{\sum_{j=1}^{N_a} 1 / \left\| F_t, A_{j,t_i} \right\|} \qquad (3-4)$$

相似预报和当前预报之间的距离越短，即越相似，其观测值所占的权重就越大，所有权重总和为 1。

相似误差订正方法中，当前预报的历史相似预报需针对每一个具体的时间和位置来寻找，因此非常适合于风电场这种局地场站的风速订正。

3.4.3.2 中小尺度模式耦合订正

中尺度 NWP 模式的水平分辨率一般为几千米至几十千米，无法反映出近地层微地形对风速的影响。小尺度模式的水平分辨率一般为几十到几

百米量级，可通过中小尺度模式耦合的方式，将中尺度 NWP 模式输出的
风场作为小尺度模式的输入，进一步计算得到精细化风场的模拟结果。

　　由于小尺度模式的分辨率过高，计算速度较慢，因此不可能对中尺度
模式输出的每一个时间步都耦合计算。较为经济的方式是，假设风电场来
流条件所对应的空间流场分布是唯一的，使用小尺度模式预先对流场可能
的来流条件（包括不同的风向、风速、廓线条件等）进行模拟，得到各种
来流条件下对应的小尺度流场分布结果，制作小尺度风场特性数据库。然
后对于中尺度模式输出的每一个时刻的数据，将其输入小尺度风场特性数
据库，匹配最为接近的入流条件，该条件对应的风场即是此刻的精细化风
场。中小尺度模式耦合订正流程如图 3−8 所示。

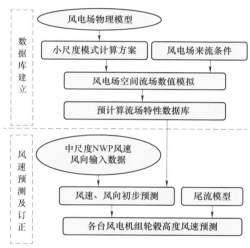

图 3−8　中小尺度模式耦合订正流程

第 4 章

风力发电功率确定性预测方法

风电功率确定性预测是指通过一定的技术手段，给出未来各时刻风电功率唯一预测值的技术，具有直观明了、实用性强的特点。确定性预测是最早出现的功率预测形式，也是目前电力市场环境下和电力计划环境下的主流预测形式。本章主要介绍不同时间尺度下面向风电场的各类确定性预测方法，此外还介绍了面向风电集群的短期功率确定性预测方法。

4.1 气象要素与风力发电功率的关系

风电机组的叶轮捕获风能后的发电功率可表示为

$$P = \frac{1}{2} C_\mathrm{p} A \rho v^3 = \frac{1}{2} C_\mathrm{p} \pi R^2 \rho v^3 \qquad (4-1)$$

式中　　P——叶轮发电功率，W；

　　　C_p——风电机组的风能利用系数；

　　　A——叶轮扫掠面积，m^2；

　　　R——叶轮半径，m；

　　　ρ——空气密度，$\mathrm{kg/m}^3$；

　　　v——风速，m/s。

4.1.1 风速与风力发电功率的关系

在切入风速（风电机组能够发电的最小风速）与额定风速（达到额定发电功率的最小风速）之间，风电机组发电功率与风速的三次方成正比，风速显然是风电机组/风电场发电功率的最重要因素。在标准空气密度（$\rho =$

1.225kg/m³）下，某 2MW 双馈变速型风电机组的功率曲线如图 4-1 所示。

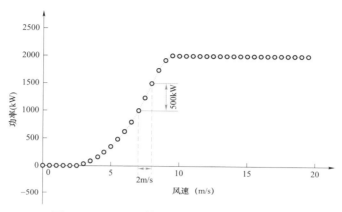

图 4-1   2MW 双馈变速型风电机组功率曲线

4.1.2   风向与风力发电功率的关系

风向对风电场发电功率的影响主要体现在两个方面：

（1）风电机组从风中抽取能量后，风能得不到有效恢复，在风电机组下风向的较长区域内风速显著降低，这就是尾流效应。由于上风向的风电机组尾流效应的影响，下风向风电机组获得的风能减少，相应风电机组的输出功率也会降低。为了减小尾流效应对下游风电机组的影响，各风电机组之间需留出用于风能恢复的距离，通常相邻两台风电机组在垂直主导风向上的间距大约为 3～5 倍的叶轮直径，主导风向上的间距为 7～10 倍的叶轮直径。

（2）风电机组的偏航装置根据机舱风速计和风向标，使风电机组对准来风方向，然而偏航装置有一定的滞后，风电机组并不能总是正对来风方向，这种控制偏差会对风电机组的发电功率造成影响。

为了进一步定量分析风向对风电场发电功率的影响，定义风电场的效率系数 η 为

$$\eta = P_{\mathrm{m}} / P_{\mathrm{f}} \qquad\qquad (4-2)$$

式中　　P_{m} ——实测的风电场在一定风速和风向下的发电功率，MW；

　　　　P_{f} ——风电场在同样工况下不受尾流影响的发电功率，MW。

某风电场在不同风速和风向下的效率分布如图 4-2 所示。可以看出：风速较低时，由于尾流和地形的影响，在某些风向下风电场效率较低，在

风速为 4m/s 时，效率降到 65%。同时可以看出，在切入风速之前，风速越大，风电场效率系数越高，风速超过额定风速一定量后，后面机组的风速也超过额定风速，此时尾流效应不影响发电功率，风电场在任何风向下效率系数都为 100%。

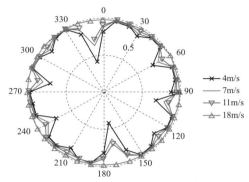

图 4-2　某风电场在不同风速和风向下的效率分布

4.1.3　空气密度与风力发电功率的关系

根据式（4-1），空气密度 ρ 也是决定风电机组发电功率的重要因素，特别是在高海拔地区，空气密度对风能的影响较为明显。不同空气密度下风电机组的功率曲线如图 4-3 所示。相同风速下，随着空气密度的增大，

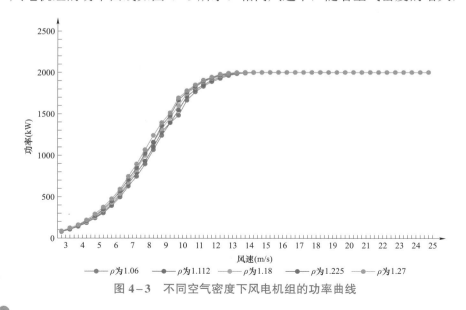

图 4-3　不同空气密度下风电机组的功率曲线

风电机组的发电功率也相应变大。

如果不考虑风电场内各风电机组之间的相互影响，风电场发电功率与空气密度的关系与风电机组和空气密度的关系基本一致。如果一个风电场有 33 台 1500kW 的风电机组，总装机容量为 49.5MW，在不同空气密度下的最大功率偏差为 4.3MW，占总装机容量的 8.7%。实际运行中，风电机组输出功率并不严格服从这些功率曲线，在不同空气密度下发电功率偏差可能更大。因此在风电功率预测中必须要充分考虑空气密度的影响。

空气密度 ρ 是气压、温度和湿度的函数，其计算表达式为

$$\rho = \frac{1.276}{1 + 0.003\,66T} \times \frac{p - 0.378 p_{\mathrm{w}}}{1000} \qquad (4-3)$$

式中　p ——气压，hPa；

　　　T ——温度，℃；

　　　p_{w} ——水气压，hPa。

从式（4-3）可看出，温度、气压、空气湿度都会引起空气密度的变化，而空气密度的变化引起风携带能量的变化，进而引起风电机组发电功率的变化。因此在风电功率预测中要考虑空气的温度、湿度和气压。

4.2 风力发电短期功率预测方法

风电短期功率预测是由预测时间尺度而得名，国际上不同国家对短期预测的时间尺度定义各不相同，我国对短期预测的时间尺度定义为次日零时至未来 72h，时间分辨率为 15min。在我国，短期功率预测主要用于日前发电计划编制；电力市场环境下，风电短期功率预测主要用于风电的电力市场竞价或系统备用容量采购。风电短期功率预测（3 天）示意如图 4-4 所示。

4.2.1 风力发电短期功率预测模型框架

一个典型的风电短期功率预测模型整体框架如图 4-5 所示，包含模型输入、基于不同预测技术的模型主体、模型输出三个部分。

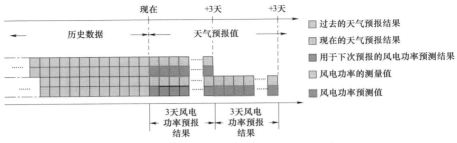

图 4-4　风电短期功率预测（3 天）示意

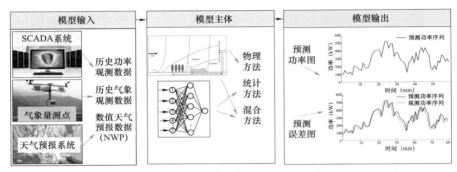

图 4-5　风电短期功率预测模型整体框架

（1）模型输入。风电短期功率预测模型所采用的输入信息包括：① 实际功率采集数据；② 气象观测数据；③ 气象预报数据；④ 调控计划信息等。由于风速、风向、气温、气压、湿度、降雨、辐照强度等气象参数与风力发电功率的关联强度不尽相同，一般需要通过相关性分析等手段，筛选 NWP 中的相关变量，来提高模型的训练速度和预测精度。模型输入数据是功率预测的关键，错误的模型输入数据会导致预测结果出现系统性偏差，甚至会出现与实际发电功率完全无关的预测结果。

（2）模型输出。风电短期功率预测模型的输出大致可分为两个部分：① 预测时间尺度内，不同时刻对应的预测功率值；② 预测误差预警信息。模型输出是预测价值的体现，是功率预测发挥作用的主要表现形式。

（3）模型主体。模型是功率预测的核心，科学的预测模型是保障预测精度满足应用需求的关键，目前主流的风电短期功率预测技术主要包括物理预测方法、统计预测方法，以及结合物理和统计方法优点及多种 NWP 模式预报结果的组合预测方法。

4.2.2 风力发电短期功率预测物理方法

物理方法是风电功率预测中最早采用的方法，早期的物理方法采用类似欧洲风图集的方法，将 NWP 的风速、风向等信息通过微观气象学理论转换到风电机组轮毂高度处，然后根据功率曲线将风电机组轮毂高度处的风速转化为单台风电机组的发电功率，全场累加获得整个风电场预测功率。

目前的风电短期功率预测物理方法技术路线如图 4-6 所示，主要包括 NWP 数据引入，风电机组轮毂高度处风速、风向获取，以及风速—功率转化三个主要技术环节。其中，风电机组轮毂高度处风速、风向的获取是关键，涉及到粗糙度变化模型、地形变化模型和尾流组合模型等。

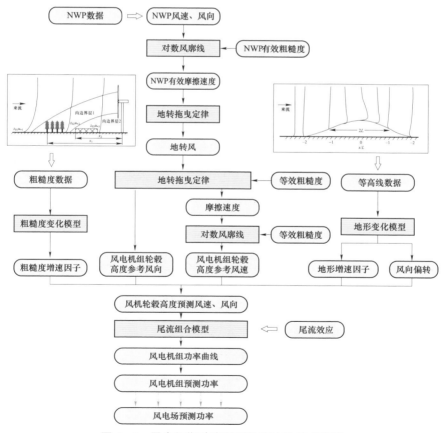

图 4-6 风电短期功率预测物理方法技术路线

4.2.2.1　轮毂高度风速、风向计算模型

（1）粗糙度变化模型。粗糙度变化对气流的影响过程可描述为：气流从一种粗糙度表面跃变到另一种粗糙度表面的过程中，新下垫面将调整原有的风速廓线和摩擦速度。随着气流往下游的运行，新下垫面的强制作用逐渐向上扩散，因而在新表面上空形成一个厚度逐渐加大的新边界层。最后，空气层完全摆脱来流的影响，形成了适应新下垫表面的边界层，在这个过程的初始和中期阶段形成的新边界层称为动力内边界层，简称内边界层。经变化粗糙度扰动后，风廓线的特点主要表现为：当来流为中性大气时，内边界层层顶以上仍维持上游的对数风廓线的分布规律；而内边界层以内则为对应新的粗糙度与摩擦速度的风速廓线，整个风廓线表现为一种拼接关系。

粗糙度变化对流场的影响是一个非常复杂的过程，目前已有的理论主要建立在中性大气的基础上，研究方法主要采用实验观察总结、经验公式以及相似性理论等。

假设上游未受扰来流经过两次粗糙度变化扰动后到达风电机组所在位置，粗糙度变化下的内边界层发展示意如图 4-7 所示。此时的风电机组的风廓线由三部分拼接而成，分别为对应粗糙度 z_{01}、摩擦速度 u_{*1} 的 $u_1(z)$，对应粗糙度 z_{02}、摩擦速度 u_{*2} 的 $u_2(z)$ 以及对应粗糙度 z_{03}、摩擦速度 u_{*3} 的 $u_3(z)$。

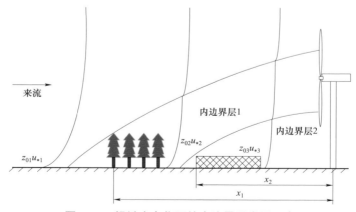

图 4-7　粗糙度变化下的内边界层发展示意

根据实验观测与分析，流经变化粗糙度的下风向风廓线可描述为

$$u(z) = \begin{cases} u' \dfrac{\ln(z/z_{01})}{\ln(0.3h/z_{01})} & z \geqslant 0.3h \\[3mm] u'' + (u'-u'') \dfrac{\ln(z/0.09h)}{\ln(0.3/0.09)} & 0.09h < z < 0.3h \\[3mm] u'' \dfrac{\ln(z/z_{02})}{\ln(0.09h/z_{02})} & z \leqslant 0.09h \end{cases} \qquad (4-4)$$

其中，$u' = \left(\dfrac{u_{*1}}{\kappa}\right)\ln\left(\dfrac{0.3h}{z_{01}}\right)$，$u'' = \left(\dfrac{u_{*2}}{\kappa}\right)\ln\left(\dfrac{0.09h}{z_{02}}\right)$。

式中　z_{01}——距离研究位置最近的上风向粗糙度；

　　　z_{02}——研究位置（此时为风电机组位置）粗糙度；

u_{*1}、u_{*2}——对应 z_{01}、z_{02} 的摩擦速度；

　　　κ——卡门常数，$\kappa = 0.4$；

　　　h——内边界层高度，由式（4-5）确定为

$$\begin{cases} h\left(\ln\dfrac{h}{z_0'} - 1\right) = 0.9x \\[3mm] z_0' = \max(z_{01}, z_{02}) \end{cases} \qquad (4-5)$$

式中　x——粗糙度变化位置与研究位置的距离。

粗糙度变化模型的计算结果是与风电机组位置对应的一系列增速因子，粗糙度变化对流场的扰动独立于流场，即对于给定的风电场，在其地表粗糙度分布不变的情况下，该风电场地表粗糙度的变化对流场的扰动都由与研究位置对应的唯一增速因子来确定。此外，风电机组位置的风速往往受到不同方向粗糙度变化的影响，此时可按照扇区划分的原则，在每个扇区内采用同样的方法分析粗糙度变化的影响。粗糙度变化对风向的影响只有在经过相当长的下风向距离后，风向才逐渐发生变化，因此，可不考虑粗糙度变化对风向的影响。

（2）地形变化模型。NWP 不考虑网格内的地形起伏变化，认为每一个计算网格只对应唯一的地形高程信息，而实际风电场往往存在明显的地形起伏，受此影响，边界层气流与湍流应力均要发生扰动，即相对于平坦地

形出现差异。中性大气对数风廓线经地形扰动后的风廓线变化情况如图 4-8 所示，其物理过程可描述为：当近地面层气流由水平均一地形刚接触山脚时，流线将以一定的迎角与山体接触，因山体表面高于上游水平下垫面，近地面气流会有短暂的减速过程，并同时产生切应力变化；气流开始越过山坡向风面的中部时，流线的密集将导致边界层内的气流加速，并使得静压力降低，产生更强的速度和切应力扰动，到山顶处静压力降低到最低值，此时风速达到最大。气流越过山顶流向背风坡时，流线逐渐辐散又使气流减速，而静压力逐渐上升并恢复正常，因此，背风坡区的流场常处于逆压流动的状态，如果山体坡度较大，背风坡将发生气流分离，形成空腔区，而空腔区内常存在较高的湍流区。

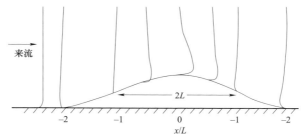

图 4-8　经地形扰动后的风廓线变化过程

地形变化对流场的影响评价无论在理论还是实验上都存在极大困难，目前主要采用计算流体力学（computational fluid dynamics，CFD）模拟与解析求解雷诺方程的方法进行分析，由于 CFD 方法对计算资源要求高，在预测时效上存在不足，因此，常采用解析求解雷诺方程的方法分析地形变化对流场的影响。

对于给定风电场，每个风电机组轮毂高度的增速因子与风向偏转值均固定，上风向未受扰、流场已知时，可根据增速因子与风向偏转值得到该流场流经变化地形后，到达风电机组位置的流场情况，即获得了风电机组位置处的经地形扰动后的风速和风向。

（3）尾流模型。尾流是运动物体后面或物体下游的紊乱旋涡流，又称尾迹。该定义主要描述尾流对流体运动形态的影响。在风电领域中，尾流除了指风流经风电机组后增加下风向湍流水平，改变风电机组叶轮承受的载荷外，更重要的在于描述风电机组从风中抽取能量后，风能得不到有效恢复，而在风电机组下风向的较长区域内风速显著降低的情况（如图4-9所示），这一现象被称为尾流效应。

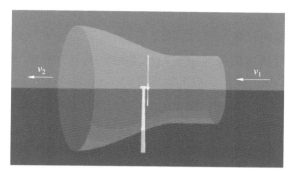

图4-9　尾流效应影响下的风速变化图

由图4-9可知，风以 v_1 的速度流经风电机组后，风电机组从风中捕获能量并转化为电能；按照能量守恒原理，风在离开风电机组后风速将降低为 v_2，随着风向下游流动，在湍流混合作用下尾流影响范围不断扩大，而风能逐渐得到补充，下风向的风速 v_2 也将恢复到上风向自由风速 v_1。尾流效应对风速的影响与风电机组的风能转换效率、风电机组排布、风电场地形特点、风特性等因素有关，一般来说，尾流效应带来的风电场年发电量损失大约在2%～20%。风电机组的风能转换效率越高、风能损失越多、下风向的风速降低越显著。根据尾流在下风向的流动特点，尾流效应在各个方向上对风电场发电功率的影响也不尽相同。

湍流混合作用有利于补充下风向风能，降低尾流效应的影响，而不同大气稳定度下的湍流作用亦有差异；不稳定层结时，湍流混合强烈利于下风向风能的恢复，尾流效应影响最小；而稳定层结时，湍流较弱，风能得不到快速恢复，导致尾流效应的影响范围较广。

为了降低尾流效应对风电场发电量的影响、评估尾流效应对下风向湍流水平的作用、分析尾流的发展过程，国内外多个研究机构对尾流建模进行了大量的研究，这些模型大体可分为解析法和CFD法两种方法。

解析法只有在一定的假设条件内成立，计算结果一般不如 CFD 法准确，但计算所需时间少，可满足大部分工程需要；CFD 法的假设条件较少，计算结果相对准确，但需要花费大量的计算时间，一般的 CFD 法都包含大量参数，导致 CFD 法的鲁棒性不如解析法，此外，由于机理认知不够完善，目前还没有能够描述多尺度湍流特征的湍流模型，因此 CFD 法也仅能对部分尺度湍流特征进行描述，其余尺度也需进行参数化处理。因此，风电功率物理预测方法中一般采用解析法分析尾流效应，常用的为 Larsen 模型，其被欧洲风电机组标准Ⅱ（European Wind Turbine Standards Ⅱ）推荐使用。

4.2.2.2　物理预测模型

NWP 风速、风向数据经地转拖曳定律与对数风廓线可获得风电机组轮毂高度的参考风速、风向，将参考风速应用于粗糙度变化模型与地形变化模型计算得到的增速因子，即可得到风电机组轮毂高度的预测风速，而风向预测结果可由地形变化模型计算的风向偏转值与参考风向叠加后获得。风电机组轮毂高度风速、风向预测示意如图 4−10 所示。

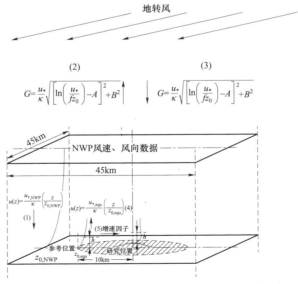

图 4−10　风电机组轮毂高度风速、风向预测示意

对于风电场中的某台风电机组而言，风电机组在承受上流临近风电机组尾流影响的同时，其产生的尾流又会影响下游临近风电机组，因此在分析风电机组的下风向的风速衰减时，应首先考虑上游临近风电机组的尾流影响下，风电机组的风速衰减，再根据衰减后的风速求得风电机组尾流效应对下游临近风电机组风速衰减的贡献。综上，在功率预测中分析尾流效应时，对于某一预测时刻，首先应用风速、风向预测模型求得每台风电机组的预测风速、风向值；根据风向预测结果，从迎风的第一台风电机组开始，应用尾流模型计算该风电机组的尾流在下风向所有风电机组位置产生的风速衰减；然后，沿着风向找到下一台风电机组，并应用尾流模型计算该风电机组在下风向风电机组位置处的风速衰减。逐次向下计算，直到最后一台风电机组。

通过上述方法即可完成某预测时刻的风电场内所有风电机组考虑尾流影响后的衰减风速求取过程，将衰减风速应用于风电机组的功率曲线，即得到每台风电机组的预测功率，对所有风电机组的预测功率求和，最终获得整个风电场的预测功率。增加尾流模型后的风电功率预测物理系统框架如图 4-11 所示。

由物理方法的技术过程可知，物理方法是对地形、粗糙度、尾流效应等影响风速、风向的物理过程的详细模拟，其本质是对 NWP 数据的精细化应用，因此 NWP 的精度对物理方法预测精度的影响较大，甚至会出现放大 NWP 误差的情况，如图 4-12 所示。此外，由于物理方法无误差反馈过程，容易出现由于地形信息不准确、粗糙度描述有误等带来的系统性偏差。但物理预测方法只需风电场的基本信息，无需历史发电数据，适用范围较广，尤其是解决新建风电场的功率预测问题。

4.2.3　风力发电短期功率预测统计方法

统计方法是基于"学习"的算法，其基本原理是通过一种或多种算法建立 NWP 中多维气象参量与实际功率数据的映射模型，依据该模型，根据未来的 NWP 数据对风电场发电功率进行预测。风电短期功率预测统计方法流程如图 4-13 所示。

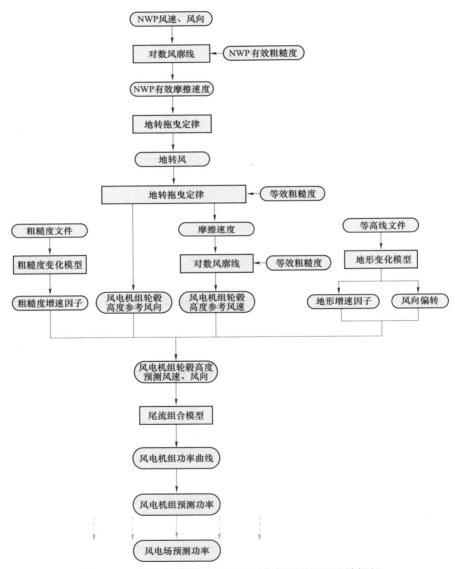

图 4-11　增加尾流模型后的风电功率预测物理系统框架

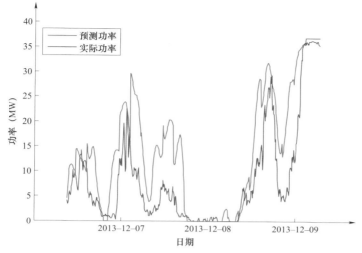

图 4-12　风电短期功率预测物理结果

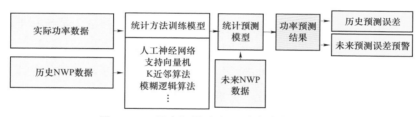

图 4-13　风电短期功率预测统计方法流程

目前，风电功率预测中的统计方法种类繁多，如人工神经网络方法、支持向量机法、K 近邻算法、遗传算法、模糊聚类算法、粒子群优化算法以及深度学习算法等。近年来，在上述算法基础上，结合风电短期功率预测的特点，在统计预测模型中加入对 NWP 和实际功率序列的预处理环节，如基于小波分析的人工神经网络预测模型，其将风电功率序列通过小波分析方法进行频率分解，针对不同频率的信号分别构建预测模型，然后再重构获得最终的功率预测结果。通过 NWP 和功率序列的预处理环节，提升了预测模型的处理性能，实现了精细化预测建模。目前基于人工神经网络的统计预测方法是使用最多的风电功率统计预测方法。

人工神经网络（简称神经网络）是人类在对其大脑工作机理认识的基础上，以人脑的组织结构和活动规律为背景，反映人脑的某些基本特征，模仿大脑神经功能而建立的一种信息处理系统。其本质是对人脑的某种抽象、简化和模仿，是理论化人脑的数学模型。1987 年，Hecht-Nielsen 给人工神经网络作如下定义：人工神经网络是一个并行、分布处理结构，它由处理单元及其称为连接的无向信号通道互连而成。这些处理单元具有局部内存，并可以完成局部操作。每个处理单元有一个单一的输出连接，这个输出可以根据需要被分支成许多并联连接，且这些并联连接都输出相同的信号，即相应处理单元的信号，信号的大小不因为分支的多少而变化。处理单元的输出信号可以是任何需要的数学模型，每个处理单元中进行的操作必须完全局部。

BP 神经网络是人工神经网络中应用较为广泛的一种，在风电功率预测中广泛使用。

4.2.3.1 BP 神经网络的基本原理及算法

BP 神经网络（back propagation neural network，BPNN）是指基于误差反向传播算法的多层前向神经网络，采用有导师的训练方式。它是 D.E.Rumelhart 和 J. L. McCelland 及其研究小组在 1986 年研究并设计出来的。BP 神经网络的特点包括：① 能够以任意精度逼近任何非线性映射，可实现对复杂系统建模；② 可以学习和自适应未知信息，如果系统状态有所改变而结构未发生变化，可通过修改网络的连接值而改变预测效果；③ 分布式信息存储与处理结构，具有一定的容错性，因此构造出来的系统具有较好的鲁棒性；④ 多输入、多输出的模型结构，适合处理复杂问题。

BP 神经网络除输入输出节点外，还有一层或多层隐含节点，同层节点中没有任何连接。输入信号从输入层节点依次传给各隐含节点，然后传到输出层节点，每层节点的输出只影响下一层节点的输出。BP 神经网络整体算法成熟，其信息处理能力来自于对简单非线性函数的多次复合。BP 神经网络结构示意如图 4-14 所示。

BP 神经网络学习过程如图 4-15 所示。当隐含层神经元的个数足够多时，隐

图 4-14 BP 神经网络结构示意

含层神经元激活函数为线性函数的三层神经网络，可以逼近任何函数。BP神经网络通过简单非线性处理单元的复合映射，可以获得复杂的非线性处理能力。

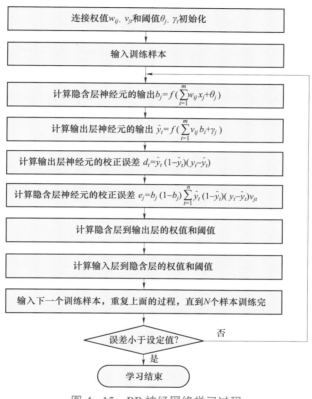

图 4-15　BP 神经网络学习过程

4.2.3.2　BP 神经网络算法的改进

BP 神经网络算法（简称 BP 算法）本身存在一些不足之处，如对网络进行训练后，可能使网络不能收敛到全局最小，收敛速度慢等。以下为常用的改进方法。

（1）改变学习率 η。BP 算法的有效性和收敛性，在很大程度上取决于学习率 η 的取值。η 的最优值与具体问题有关，即使对某一特定问题，也很难获得一个自始至终都合适的 η 值。训练开始时较合适的 η 值，后来不一定合适。以下为主要的 η 值合理取值的方法。

1)学习速率渐小法。该方法适用于每个训练模式更新的 BP 神经网络，在网络的学习启动时，学习速率比较大，有利于加快学习速度，而快到极值点时，学习速率减小有利于收敛。学习速率变化规则为

$$\eta(n) = \frac{\eta(n)}{1 + n/r} \qquad (4-6)$$

常值参数 r 能够被用于调节相对于整个训练周期的学习速率。在前 r 步学习之后，学习速率在更新规则下减半。通过在训练期间减小学习速率，大值和小值的优点能够通过选取合适的 r 值将两者结合，不过 r 只能通过试凑法寻找相对最佳值。

2)自适应学习率。1989 年和 1990 年 R. Salomon 研究了一种简单的进化策略来调节学习率。其基本指导思想是在学习收敛的情况下，增大 η，以缩短学习时间；而当 η 偏大致使全局误差不能收敛时，需及时减小 η，直到收敛为止。

（2）加入动量项。学习率 η 大，网络收敛快，但过大会引起不稳定；η 值小可以避免不稳定，但收敛速度变慢。解决这一矛盾的简单方法是加入"动量项"，即得到反向传播的动量改进权值修正公式为

$$\Delta w_{ij}(n) = \alpha \Delta w_{ij}(n-1) - \eta \frac{\partial E_k}{\partial w_{ij}} \qquad (4-7)$$

式中　　w_{ij} ——输入层节点 i 到隐含层节点 j 的权值；

　　　　Δw_{ij} —— w_{ij} 每次迭代的调整量；

　　　　E_k ——样本 k 的误差；

　　　　α ——动量系数，通常为正数。

在 BP 算法中加入动量项不仅可以微调权值的修正量，也可以使学习避免陷入局部最小。目前风电功率预测中采用的 BP 神经网络模型主要采用本方法。但是，神经网络的学习在离线状态下完成，学习时间不是主要考量，预测精度才是关键。

4.2.3.3　BP 神经网络的泛化能力

神经网络的训练过程实际上是网络对训练样本内在规律的学习过程，而对网络进行训练的目的主要是为了让网络对训练样本以外的数据具有正

确的映射能力。神经网络的泛化能力是指神经网络对训练样本以外的新样本的适应能力，也称为神经网络的推广能力，被认为是衡量神经网络性能的重要指标，具有泛化能力的神经网络才可以在实际中应用。以下为影响神经网络泛化能力的两个因素。

（1）样本的特性。只有当训练样本足以表征所研究问题的主要特征时，网络通过合理的学习机制可以使其具有泛化能力，合理的采样结构是神经网络具有泛化能力的必要条件。

（2）网络自身的因素。如网络的结构、初始值及网络的学习算法等。网络的结构主要包括网络的隐层数、隐层节点的个数和隐层节点的激活函数。

当隐层节点函数有界，三层前向网络具有以任意精度逼近定义在紧致子集上的任意非线性函数的能力。采用三层 BP 神经网络，隐层节点函数为 Sigmoid 函数，输出节点函数采用线性函数，完全可以达到网络逼近的要求。"过拟合"现象是网络隐层节点过多的必然结果，影响网络的泛化能力，同时认为在满足精度的要求下，逼近函数的阶数越少越好，低阶逼近可以有效防止"过拟合现象"，从而提高网络的预测能力。

神经网络初始值的选择同样影响网络的泛化能力。一般随机给定一组权值，然后采用一定的学习规则，在训练中逐步调整，最终得到一组适合的权值分布。由于 BP 算法是基于梯度下降方法，不同的初始权值可能会导致不同的结果。如果取值不当，可能引起振荡不收敛，即使收敛也会导致训练时间增长，或陷入局部极值点，得不到合适的权值分布，影响网络的泛化能力。

4.2.3.4　预测模型输入数据的选择和处理

（1）输入数据的选择。BP 神经网络预测模型的本质是利用样本数据进行学习，找出数据之间的规律进而进行预测的。根据 4.1 的分析，风电场发电功率的影响因素主要有风速、风向、气温、气压、湿度及粗糙度。除粗糙度外，其他因素随季节和时间的变化而变化，且可由 NWP 系统提供。粗糙度一般随地表覆盖物的变化而变化，如雪面的粗糙度长度为 0.005～0.01cm，而草地的粗糙度长度为 4～10cm。粗糙度也可能随地面建筑物的变化而变化，但总体特点是变化较为缓慢，或有一定的季节性，如果不同季节变化较大，可根据不同季节建立不同的神经网络。因此模型的输入数据必须包含风速、风向、气温、气压、湿度等数据。

（2）数据归一化。适当的数据处理可以提高神经网络的泛化能力，提高预测精度。数据归一化是常用的处理方法。

1）风速归一化。一般风电机组运行的风速范围为 3～25m/s，陆地上极限风速一般不超过 30m/s。当然，不同地区极限风速存在差异。可以采用式（4-8）对风速归一化

$$v_g = \frac{v_t}{v_{max}} \qquad (4-8)$$

式中　v_g ——归一化后的风速值；

　　　v_t ——NWP 系统预测的风速值；

　　　v_{max} ——气象观测的历史最大风速。

2）风向归一化。风向归一化方法如图 4-16 所示，取正北方为 x 轴的方向，取正东为 y 轴方向。风向的正弦值在 0°～180° 为正值，在 180°～360° 为负值；风向的余弦值在 0°～90° 和 270°～360° 之间为正值，在 90°～270° 之间为负值。因此，风向的正弦值和余弦值结合在一起可以区分所有的风向。

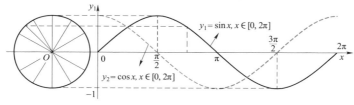

图 4-16　风向归一化方法

3）气温归一化。气温归一化的方法与风速归一化的方法类似，其公式为

$$T_g = \frac{T_t}{|T_t|_{max}} \qquad (4-9)$$

式中　T_g ——归一化后的气温值；

T_t ——NWP系统预测的气温；

$|T_t|_{\max}$ ——气象观测的气温绝对值的最大值。

4）气压归一化。气压归一化与风速、气温归一化的方法类似，其公式为

$$P_g = \frac{P_t}{P_{\max}} \qquad (4-10)$$

式中　　P_g ——归一化后的气压值；

P_t ——NWP系统预测的气压值；

$P_{\max}$ ——气象观测的最高气压。

5）湿度归一化。湿度归一化的公式为

$$H_g = \frac{H_t}{H_{\max}} \qquad (4-11)$$

式中　　H_g ——归一化后的湿度值；

H_t ——NWP系统预测的湿度值；

$H_{\max}$ ——湿度的最大值。

（3）对风电场发电功率的修正。风电机组长期运行在恶劣的自然环境下，难免发生故障。以下为比较常见的故障。

1）齿轮箱损坏。风电机组的叶片质量在1～2t之间，在转动中齿轮箱要承受很大的应力，经常会造成齿轮箱的损坏。一旦损坏，维修时间较长。

2）叶片损坏。在某些飓风情况下，可能造成叶片损坏。

3）控制系统故障。控制系统故障是多发故障，一般维修时间较短。

4）电网故障。包括电压越限、谐波超标、暂态故障等导致风电场或部分机组退出运行。

上述故障会导致风电场发电功率降低，对此，需修正功率数据，主要包括两方面的内容。

（1）修正训练数据。根据风电场的运行日志，得到风电场每天的开机容量和实际发电功率 P_{real}，然后将发电功率折算至风电场全部机组运行情况下的发电功率 P_{ideal}，折算后的功率数据用于神经网络的训练。设风电场故障率为 μ，则风电场发电功率可采用式（4-12）修正为

$$P_{ideal} = P_{real}/(1-\mu) \qquad (4-12)$$

（2）在预测阶段根据风电场故障率对神经网络的预测值进行修正，得

$$P_{pre} = (1-\mu)P_{ANN} \qquad (4-13)$$

式中　P_{pre}——修正后的预测功率；

　　　P_{ANN}——神经网络预测的发电功率。

4.2.3.5　基于 BP 神经网络的风电短期功率预测模型

基于 BP 神经网络的风电短期功率预测模型如图 4-17 所示。模型输入为对风电场发电功率有较大影响的风速、风向、气温、气压等气象参数数据，模型输出为对应时刻的风电场功率。

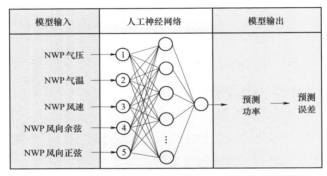

图 4-17　基于 BP 神经网络的风电短期功率预测模型

4.2.3.6　实例分析

采用实际数据对 BP 神经网络模型进行训练并预测，同时引入径向基函数（RBF）神经网络模型和支持向量机模型对预测结果进行比较。对于 BP 神经网络，三层网络理论上就可以逼近任何非线性函数，因此选择包含一个隐含层的三层网络。网络隐层神经元传递函数采用 S 型正切函数，输出层神经元传递函数采用 S 型对数函数。

选取我国东北地区某风电场进行算例分析。该风电场包含 58 台 V52-850kW 的风电机组，总装机容量为 49.3MW。训练数据为 10 个月 NWP 数据和风电场发电功率数据，包含了不同风速段、不同风向的数据。取另一时间段的数据（2 个月）用于神经网络的测试。隐层节点数会影响预测精度，经逐一筛选分析，当网络的隐层节点数为 19 时，训练样本误差最小，

均方根误差为 6.9%；隐层节点数继续增加，出现过学习现象，网络外推能力变差，预测误差反而增大。对于 RBF 神经网络，选择高斯函数作为径向基函数，采用自组织选取中心法进行神经网络的学习。最小二乘支持向量机的核函数选择高斯函数，训练算法选择最小二乘回归算法。损失参数ε和惩罚系数 C 分别取 0.01 和 50。

三种模型的训练时间各不相同，如表 4-1 所示。可以看出，RBF 神经网络的训练时间最短，BP 神经网络次之，支持向量机训练时间最长。训练时间与数据量关系很大，随着数据量增大，BP 神经网络和 RBF 神经网络训练时间增加不大，而支持向量机训练时间增加较多。这主要是因为支持向量机学习过程需要的内存较大，当然这可以通过提升计算机的性能解决。

表 4-1　　　　　　　　　　　三种模型的训练时间

模型	BP 神经网络	RBF 神经网络	支持向量机
训练时间（s）	60	45	1920

经过对测试数据分析，BP 神经网络、RBF 神经网络、支持向量机的均方根预测误差分别为 10.1%、10.6%、11.3%。从测试数据的预测结果来看，BP 神经网络比 RBF 神经网络预测精度高，RBF 神经网络比支持向量机预测精度高。采用三种模型得到的一段 24h 的预测结果，如图 4-18 所示。三种模型预测的绝对误差曲线如图 4-19 所示。

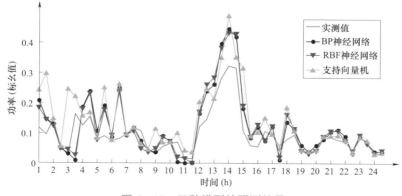

图 4-18　三种模型的预测结果

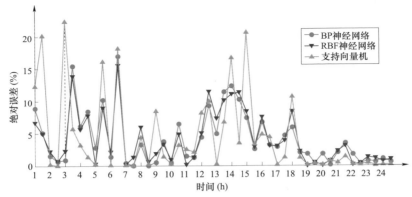

图 4-19　三种模型预测的绝对误差曲线

需要指出的是，预测结果既与预测方法的优劣有关，又与风电场的特点及数据质量有关。不同风电场的最佳预测方法可能不同，此外，即使对于同一个风电场在不同时段的预测结果性能也可能存在较大差异。

通过统计预测方法的实例分析可以看出，预测结果与实际功率的贴合度较高，在一定程度上纠正了 NWP 预报的误差，功率预测精度获得了提升。但统计预测方法需要较长时间的高质量历史数据，无法适用于新建风电场。

4.2.4　风力发电短期功率预测组合方法

不同的模型有不同的优点。物理方法不需要大量的历史运行数据，所以对于新建的风电场来说更方便。统计方法不需要求解物理方程，计算速度快，但是预测过程需要大量的历史数据。因此，将这两种方法结合起来使用效果会更佳。尤其对于复杂地形的风电场来说，物理方法可以通过更高分辨率的计算以及更完善的物理描述来获得局部的气象信息，统计方法可以对各台风电机组的风速功率曲线进行学习。这样的组合方法既考虑了各风电机组所处位置处风能资源的不同，也考虑了风电功率曲线随时间和环境的变化，有利于提高风电功率的预测精度。其中，由 7 个国家 23 个机构参与的 ANEMOS 项目❶，将物理模型和统计模型结合在一起，对陆上和海上的风电场进行短期预测，获得了较好的效果。目前，有定权值和变权值两种组合预测方法。

❶ 2002 年欧盟启动的"开发下一代陆上与海上风电场风能预测系统"科技项目。

4.2.4.1　定权值组合预测

多个不同的单一预测构成组合预测，但不是简单的归集，而是将多个单一预测结果融合为一个最佳的结果，其关键点体现在融合方法。

组合预测能够综合多种 NWP 模式，融合不同天气过程的处理方式，耦合误差特性，可在单一预测基础上，进一步提升预测精度。目前已提出了多种组合预测方法，如熵值法、合作对策法、线性规划法、向量夹角最优法等，但均较为复杂，工程实现价值较低。定权值组合预测是工程应用中较为普遍的方法，其中，平均权值组合法最为常见。组合方法为

$$\hat{P}_t = \frac{P_{1t} + P_{2t} + \cdots + P_{nt}}{n} \tag{4-14}$$

式中　$\hat{P}_t$——t 时刻的组合预测结果；

　　　P_{it}——第 i 个集合成员在 t 时刻的预测结果，$i = 1, 2, \cdots, n$；

　　　n——集合成员个数。

以接入欧洲某国的风电场总功率数据进行算例分析，数据时间范围为 2013 年 11 月 16 日至 2014 年 1 月 25 日，时间分辨率为 15min，装机容量为 3047.1MW，预测时间尺度为 15min～24h。各集合预测结果和平均权值组合预测结果如图 4-20 所示，F1 至 F4 为 4 个集合成员。

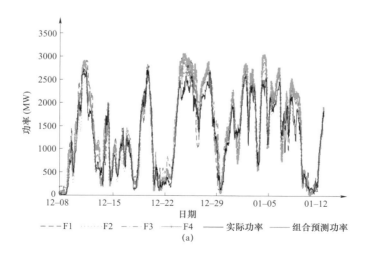

(a)

风力发电功率预测技术及应用

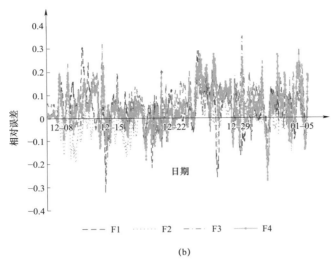

(b)

图 4-20 各集合预测结果和平均权值组合预测结果

（a）预测结果；（b）相对误差

误差情况比较如表 4-2 所示，所分析的误差指标包括相对均方根误差（rRMSE）、相对平均绝对误差（rMAE）、相关系数（r）。

表 4-2   预 测 误 差 比 较

成员	rRMSE（%）	rMAE（%）	r（%）
F1	11.5	9.1	90.6
F2	8.9	7.0	94.1
F3	11.6	9.2	92.0
F4	11.8	9.2	91.2
平均权值组合	8.6	6.7	94.8

由图 4-20 和表 4-2 可以看出，不同 NWP 模式预测误差特性各异，通过组合预测能够有效融合不同特性误差，提高预测精度，但平均权值组合预测方法不能充分挖掘各模式有效信息，精度提高有限。

4.2.4.2 变权值动态组合预测

已有研究表明，由于 NWP 模拟能力随着预测时间尺度增加而降低，风电功率预测精度也相应的逐渐降低。因而，不同预测时间尺度下各集合成员的预测性能存在差异，动态的自适应组合方法被提出，其对不同时间尺度断面分别建模来应对该问题。

以不同模式 NWP 为基础输入数据，采用统计方法或物理方法建立单一预测模型，各单一模型输出结果组成集合成员，以集合成员为输入，组合预测结果与各集合成员应为线性关系，同时利用持续特性，引入实际功率预测情况为

$$\hat{P}_{it} = c_t^1 F_{it}^1 + \cdots + c_t^m F_{it}^m + c_t^{m+1} P_{it} + c_t \qquad (4-15)$$

式中　　t——预测时间尺度，$t = 1, 2, \cdots, n$；

$\hat{P}_{it}$——组合预测结果；

$c_t^1, \cdots, c_t^m$——组合权值；

$F_{it}^1, \cdots, F_{it}^m$——单一预测结果；

m——集合成员个数；

P_{it}——持续值，各预测时间尺度下均等于预测时刻的实际功率；

c_t^{m+1}——持续值的权重；

c_t——常数项，平衡系统误差。

实现组合预测的关键是获得组合权值。动态辨识权值方法可获得更优的预测结果，根据不同预测时间尺度断面下，恰当的历史时窗内各集合成员的预测性能，确定组合权重，并根据集合成员更新情况，及时修正组合权值，形成了权值的动态辨识。

采用最小二乘法辨识式（4-15）中的组合系数。以最小均方误差 Q 为目标，于是有

$$Q = \min \sum_{i=1}^{d} (T_{it} - \hat{P}_{it})^2 \qquad (4-16)$$

式中　　T_{it}——第 i 天 t 时刻的实际功率；

d——临近历史样本窗宽，目前无成熟理论确定该值，建议采用遍历试验的方式确定。

将式（4-15）代入式（4-16）中可得

$$Q = \min \sum_{i=1}^{d} (T_{it} - c_t^1 F_{it}^1 - \cdots - c_t^m F_{it}^m - c_t^{m+1} P_{it} - c_t)^2 \qquad (4-17)$$

求取 Q 对组合系数 c 的偏导，应满足

$$\begin{cases} \dfrac{\partial Q}{\partial c_t} = -2\sum_{i=1}^{d}(T_{it} - c_t^1 F_{it}^1 - \cdots - c_t^m F_{it}^m - c_t^{m+1} P_{it} - c_t) = 0 \\ \dfrac{\partial Q}{\partial c_t^1} = -2\sum_{i=1}^{d}(T_{it} - c_t^1 F_{it}^1 - \cdots - c_t^m F_{it}^m - c_t^{m+1} P_{it} - c_t)F_{it}^1 = 0 \\ \vdots \\ \dfrac{\partial Q}{\partial c_t^{m+1}} = -2\sum_{i=1}^{d}(T_{it} - c_t^1 F_{it}^1 - \cdots - c_t^m F_{it}^m - c_t^{m+1} P_{it} - c_t)P_{it} = 0 \end{cases} \qquad (4-18)$$

令

$$\boldsymbol{B_t} = \left[\sum_{i=1}^{d} T_{it} F_{it}^1, \sum_{i=1}^{d} T_{it} F_{it}^2, \cdots, \sum_{i=1}^{d} T_{it} P_{it}, \sum_{i=1}^{d} T_{it} \right]^{\mathrm{T}} \qquad (4-19)$$

$$\boldsymbol{C_t} = \left[c_t^1, c_t^2, \cdots, c_t^{m+1}, c_t \right]^{\mathrm{T}} \qquad (4-20)$$

$$\boldsymbol{A_t} = \begin{bmatrix} \sum\limits_{i=1}^{d}(F_{it}^1)^2 & \cdots & \sum\limits_{i=1}^{d}F_{it}^m F_{it}^1 & \sum\limits_{i=1}^{d}P_{it}F_{it}^1 & \sum\limits_{i=1}^{d}F_{it}^1 \\ \sum\limits_{i=1}^{d}F_{it}^1 F_{it}^2 & \cdots & \sum\limits_{i=1}^{d}F_{it}^m F_{it}^2 & \sum\limits_{i=1}^{d}P_{it}F_{it}^2 & \sum\limits_{i=1}^{d}F_{it}^2 \\ \vdots & \ddots & \vdots & \vdots & \vdots \\ \sum\limits_{i=1}^{d}F_{it}^1 P_{it} & \cdots & \sum\limits_{i=1}^{d}F_{it}^m P_{it} & \sum\limits_{i=1}^{d}(P_{it})^2 & \sum\limits_{i=1}^{d}P_{it} \\ \sum\limits_{i=1}^{d}F_{it}^1 & \cdots & \sum\limits_{i=1}^{d}F_{it}^m & \sum\limits_{i=1}^{d}P_{it} & d \end{bmatrix} \qquad (4-21)$$

于是，式（4-18）可简化为

$$\boldsymbol{C_t} = \boldsymbol{A_t}^{-1} \boldsymbol{B_t} \qquad (4-22)$$

式中　$\boldsymbol{C_t}$——第 t 预测时间尺度下的组合权值。

不同预测时间尺度下，组合权值的计算结果不同，且当集合成员更新后，重新计算组合权值，进而实现权值的动态调整。将获得的组合权值代入式（4-15）便可得到组合预测结果。

以下为风电功率动态组合预测模型求解步骤。

（1）以不同的 NWP 为输入数据，采用物理或统计方法分别建立单一预测模型，各单一模型输出结果 $F_t^1,\cdots,F_t^m$ 组成集合预测结果 F。

（2）给定临近历史样本天数 d，提取对应的集合预测历史结果 F 和风电场实际出力 T。

（3）确定历史数据中各预测时刻的持续值 P_{it}，即 $t=0$ 时的实际功率，并将其扩展至各预测时间尺度，即 $P_{it}=P_{i0},t=1,\cdots,n$。

（4）根据预测时间尺度将历史数据样本划分为各子样本，第 t 预测时间尺度下的训练样本集为，$\boldsymbol{F}_t=\{F_{it},i=1,\cdots,d;k=1,\cdots,m\}$，$\boldsymbol{T}_t=\{T_{it},i=1,\cdots,d\}$，$\boldsymbol{P}_t=\{P_{it},i=1,\cdots,d\}$。

（5）利用步骤（4）中的训练样本数据建立第 t 预测时间尺度下组合权值的求解方程，即式（4-16）。

（6）采用式（4-19）～式（4-22）对步骤（5）中的方程进行求解，获得第 t 预测时间尺度下的权值系数 $c_t^1,\cdots,c_t^m,c_t^{m+1},c_t$。

（7）将步骤（6）求得的第 t 预测时间尺度下的权值系数 $c_t^1,\cdots,c_t^m,c_t^{m+1},c_t$ 引入式（4-15），输入未来集合预测结果中第 t 预测时间尺度下的各单一预测结果和组合预测启动时刻的实际功率值 P_0，便可计算获得未来第 t 预测时间尺度下的组合预测结果。

（8）重复步骤（1）～（7），直至所有预测时间尺度 $(1,\cdots,n)$ 均获得组合预测结果，组合预测完成。

（9）次日集合成员预测结果更新后，重新启动组合预测模型，更新历史训练样本数据，重复上述（1）～（8）的计算步骤，对组合权值进行更新。

临近历史样本天数 d 可通过遍历实验不同天数，最终按预测误差最小试验结果的天数取值。动态组合预测流程如图 4-21 所示。

采用定权值组合预测中相同的数据对动态组合预测方法进行测试，经实验，历史样本天数 d 取 30 天，预测时间尺度同样为 15min～24h。采用动态组合预测方法建立动态组合预测模型，其中，40 天的动态组合权值如图 4-22 所示，图 4-22（a）为某日各成员自适应组合权值。

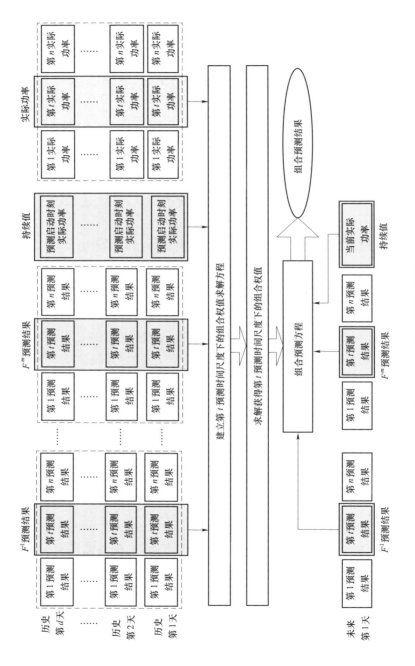

图 4-21 动态组合预测流程

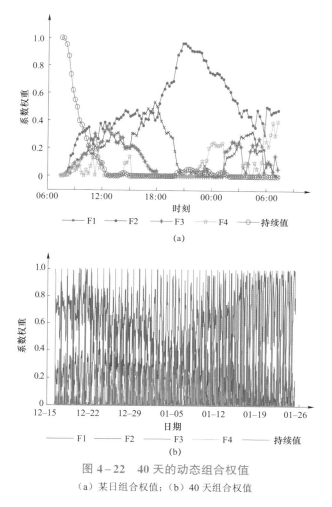

图 4-22　40 天的动态组合权值

(a) 某日组合权值；(b) 40 天组合权值

由图 4-22 可知，集合成员及持续值的权重呈现此消彼长的关系，权重之和在 1 附近波动，持续值在 5h 内由 1 快速下降到 0，各组合成员及持续值的组合权值随预测时间尺度变化。各集合成员权值随季节性呈现更长时间的整体性变化，反应出不同模型、不同方法具有季节适应性，符合实际情况。

动态权值组合和平均权值组合的结果对比如图 4-23 所示。预测结果误差情况如表 4-3 所示。

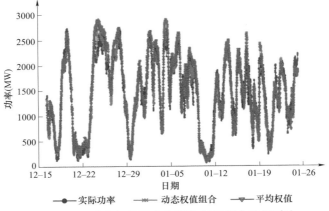

图 4-23　动态权值组合与平均权值组合结果对比

表 4-3　　　　　　　　　预 测 结 果 误 差 情 况

评价指标	rRMSE（%）	rMAE（%）	r（%）
动态权值组合	6.4	4.8	96.4
平均权值组合	8.1	6.1	95.2

　　可以看出，组合方法获得功率预测结果精度显著高于单一的物理预测方法或统计预测方法，与此同时，采用动态权值组合方式较平均定权值组合方式，获得的组合预测精度更佳。但组合预测方法需要大量的历史数据，且对数据质量要求较高，建模工作量也较单一方式更大。

4.3　风力发电超短期功率预测方法

　　在我国，风电超短期功率预测主要指预测时间尺度为 0～4h 的预测，时间分辨率为 15min，每 15min 滚动更新一次。超短期功率预测主要用于修正短期预测结果及调整发电计划。风电超短期功率预测可利用天气的持续特性开展，通过当前天气状态及未来临近时段的天气变化趋势实现风电场超短期尺度下的功率预测。整体预测方法为

$$\hat{y}_{t+T|t} = f\left(\boldsymbol{X}_t, \hat{X}_{t+T|t} \right) \qquad (4-23)$$

式中　　t ——当前时刻；

$\hat{y}_{t+T|t}$ —— $t+T$ 时刻预测值；

$f(\bullet)$ ——预测模型，现有超短期功率预测主要采用时间序列分析、
　　　　　自回归滑动平均（auto regression move average，ARMA）
　　　　　等模型；

X_t ——当前时刻之前（包含当前时刻）的测量数据，可以包括风电场
　　　　的测量数据和周边风电场或者气象测站的测量数据；

$\hat{X}_{t+T|t}$ ——未来时刻的气象预报值，通常由 NWP 系统得到。

风电超短期功率预测（4h）相关信息示意如图 4-24 所示。

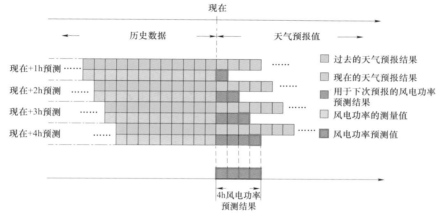

图 4-24　风电超短期功率预测（4h）示意

4.3.1　风力发电超短期功率预测模型框架

一个典型的风电超短期功率预测模型整体框架如图 4-25 所示，包含模型输入、基于不同预测技术的模型主体以及模型输出三个部分。超短期预测技术目前主要采用基于历史数据的建模方法。基于历史数据的建模方法主要根据风电场 SCADA 系统采集和记录的临近观测功率数据以及测风塔数据、NWP 数据，利用时间序列分析、ARMA 方法等建立预测模型。

风速和空气密度是影响风力发电量的两个主要气象因素，但是大多数

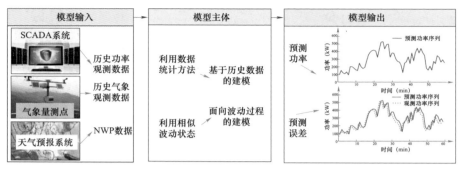

图 4-25　风电超短期功率预测模型整体框架

情况下空气密度在超短期尺度下变化较小，因此，在绝大多数风电超短期功率预测研究中只将风速作为主要影响因素。

　　基于历史数据的风电超短期功率预测技术包括两种：① 先预测风速，然后依据风电机组的功率曲线得到风电机组的发电功率；② 直接预测功率。基于历史数据的风电超短期功率预测建模流程如图 4-26 所示。

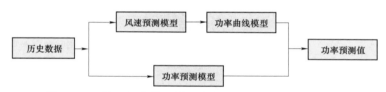

图 4-26　基于历史数据的风电超短期功率预测建模流程

4.3.2　常用超短期功率预测模型

　　在实际应用中，用于风速预测或者功率预测的模型通常有持续法模型、时间序列分析模型等。

4.3.2.1　持续法模型

　　持续法模型以当前时刻的风速或者风电功率值作为未来的风速或者风电功率预测值，即

$$y_t = \hat{y}_{t+1} = \hat{y}_{t+2} = \cdots = \hat{y}_{t+n} \qquad (4-24)$$

式中　$\hat{y}_{t+1}, \hat{y}_{t+2}, \cdots, \hat{y}_{t+n}$ ——预测值。

　　持续法模型简单且预测精度尚可，特别是在预测时间较短的情况下，持续法模型的精度甚至可能超过其他原理复杂的机器学习方法。因此，持续法模型在风电预测领域通常被当做基准方法来验证其他方法的预测性能。

4.3.2.2　时间序列分析模型

时间序列分析模型是一种分析动态时间序列数据的有效分析方法。ARMA 模型是最常用的近点时间序列分析模型。从 20 世纪 80 年代开始就有学者使用 ARMA 模型对风速和风电功率时间序列的特征进行研究，并且尝试用 ARMA 模型对风速和风电功率进行预测。

ARMA 模型的数学表达式为

$$P_t = \left(a_0 + \sum_{i=1}^{n} a_i P_{t-i}\right) - \left(\sum_{j=1}^{m} b_j \varepsilon_{t-j} + \varepsilon_t\right) \qquad (4-25)$$

式中　P_t——目标时刻 t 的预测功率；

P_{t-i}——实际功率，$a_0 + \sum_{i=1}^{n} a_i P_{t-i}$ 表示自回归项；

ε_{t-j}——白噪声，$\sum_{j=1}^{m} b_j \varepsilon_{t-j} + \varepsilon_t$ 表示白噪声序列的滑动平均项。

根据 ARMA 模型数学表达式，以下为风电超短期功率预测建模流程。

（1）建立 AR 或 ARMA 模型：以当前时刻 t 的实际功率 P_t 为目标，以 t 时刻以前 n 个点的实际功率数据 $P_{t-1}, P_{t-2}, \cdots, P_{t-n}$ 作为输入，求解得到 t 时刻对应的自回归系数。

（2）对于 $t+1$ 时刻，采用时间序列模型及求解得到的自回归系数，以 $P_t, P_{t-1}, \cdots, P_{t+1-n}$ 为输入（增加最新的功率值 P_t，舍弃最早的功率值 P_{t-n}），得到 $t+1$ 时刻的功率 P_{t+1}。

（3）对于 $t+2$ 时刻，将 P_{t+1} 视为已知，重复 P_{t+1} 求解过程，得到 P_{t+2}。以此类推，得到未来 15min、30min、……、4h 的功率值。

时间序列法超短期功率预测示意如图 4-27 所示。滚动预测：15min 后，$t+1$ 成为当前时刻，P_{t+1} 变为已知量，重复第一步的建模步骤，求解 $t+1$ 时刻对应的自回归系数。应用新的时间序列模型和自回归系数，计算未来 $t+2, t+3, \cdots, t+m$ 时刻的功率 $P_{t+2}, P_{t+3}, \cdots, P_{t+m}$。

随着对风电功率序列认识的不断提高，时间序列分析在风电超短期功率预测中的应用方法在不断提升，如考虑风电功率序列局部的非平稳性，将当前直接面向功率的时间序列分析建模方法转变为面向时间序列差分的建模方法。

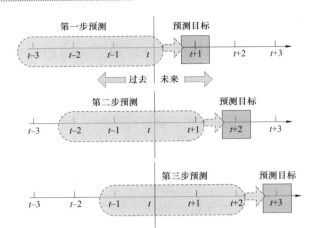

图 4-27　时间序列法超短期功率预测示意

4.4　风力发电集群功率预测方法

风电集群功率预测是对多个风电场组成的风电集群进行整体功率的预测。随着全球风电产业快速发展，风电场分布规模已由发展初期的分散式、小规模分布转变为集群式、大规模分布，风电集群规模化接入对电力系统实时平衡产生重大影响，相对于单个风电场，风电集群功率预测意义更大。

4.4.1　风力发电集群功率预测整体框架

一个典型的风电集群功率预测系统由输入数据来源、子区域划分、预测步骤三个维度构成。

（1）数据来源。风电集群功率预测的数据来源如表 4-4 所示，包括地理因素数据、NWP 数据、历史数据和实时监测数据。

表 4-4　　　　　　　　　　　　　风电集群功率预测数据来源

数据来源	包含信息
地理因素数据	粗糙度、地形、风电场分布、尾流效应
NWP 数据	风速、风向、气压、温度等 NWP 数据
历史数据	历史的风速、风向、温度、气压（历史气象数据）以及历史功率数据
实时监测数据	测风塔的实时气象数据、SCADA 系统的实时功率数据

（2）子区域划分。以下为集群划分标准的三个方面。

1）行政区域。根据不同的行政区域，将风电集群分为省内集群、省级集群、跨省级集群等。

2）电网拓扑。根据不同的电网拓扑结构，将风电集群划分成不同的子区域。

3）资源或功率相关性。根据集群内风电场风能资源或风电场功率分布的特点，通过聚类分析、相关性分析等方法，将具有较高风能资源或功率相关性的风电场划分为同一个集群。一个典型的风电场集群划分技术方案如图4-28所示。

图4-28　风电场集群划分技术方案

（3）预测步骤。风电集群功率预测一般包含五个步骤：集群数据获取与预处理、集群子区域划分、单个风电场功率预测、子区域风电功率预测、全区域功率求和，最终得到集群总体预测结果。该预测流程首先对于风电集群数据进行收集与预处理，进而将集群划分得到子区域，然后对各子区域内单个风电场进行预测，并进一步建立以单个风电场功率为输入、子区域总体功率为输出的预测模型，得到子区域功率预测结果，最后将子区域功率求和得到集群功率预测结果。

4.4.2　风力发电集群功率预测物理层次

风电集群功率预测的物理层次如图4-29所示，包含数据层、映射层、特征层、模型层、反馈层、输出层。

数据层包括风电功率数据（历史数据、实时数据）、NWP数据以及风电场地理数据（地形、地貌、风电场周围物理因素）。数据层是风电集群功

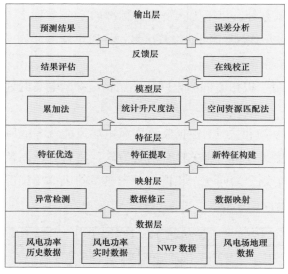

图 4-29　风电集群功率预测的物理层次

率预测的数据来源，基于这些数据对风电集群功率预测模型进行训练和预测。

映射层包括异常检测、数据修正、数据映射三个部分。由于数据层数据都存在数据缺失、失真等情况，严重影响预测模型的训练。因此采用神经网络法、卡尔曼滤波法等方法对模型训练数据进行修正，是提升风电功率预测精度的有效方法。数据映射是指采用频谱分析、小波分析、经验模态分解等方法将原始数据映射到新的数据空间，从而丰富风电功率预测系统的数据输入。

特征层包括特征提取、特征优选、新特征构建三个部分。风电集群功率预测模型的输入特征包括功率特征和 NWP 特征。特征优选与提取是通过数据挖掘，从高维特征中优选预测效果最佳的特征作为输入，从而提高预测精度。新特征构建是在原始特征和数据的基础上，构建新的表征参数特征。

模型层为建立集群功率预测模型的方法，包括累加法、统计升尺度法、空间资源匹配法等，该部分将在下一节进行详细介绍。

反馈层是将集群功率预测结果进行结果评估和在线校正。

输出层是对预测结果进行误差分析，从而对模型类型、模型参数、模型组合方式等进行调整，提高最终预测精度。

4.4.3　风力发电集群功率预测模型

风电集群功率预测方法包括累加法、统计升尺度法和空间资源匹配法等。

（1）累加法。累加法先对集群内每个风电场单独进行功率预测，然后将结果累加求和得到集群功率预测结果，累加法功率预测流程如图 4－30 所示。该方法适用于稀疏分布且规模较小的风电集群，对历史数据和 NWP 数据的完备性要求较高。

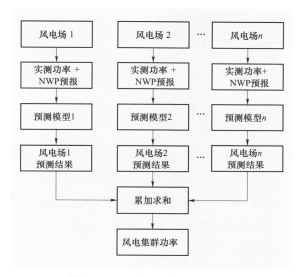

图 4－30　累加法功率预测流程

（2）统计升尺度法。统计升尺度法是国外风电集群预测普遍采用的方法，该方法首先按照空间网格或资源相关性，对风电场集群进行划分；其次选择数据完备性较好、预测精度高的风电场作为划分子区域的基准风电场，并预测基准风电场的功率；然后建立以基准风电场功率为输入、集群总体功率为输出的统计升尺度模型，并根据历史数据对模型参数进行求解，获得子区域风电总功率；最后对各子区域求和，得到总区域发电功率的预测结果。统计升尺度法的典型功率预测流程如图 4－31 所示。该方法对数据的依赖性不高,特别适用于含较多分散式风电或新建风电场较多的电网,预测精度较好,但由于该方法需要选择合适的基准风电场,因此基准风电场的优选对集群功率预测的精度影响较大。

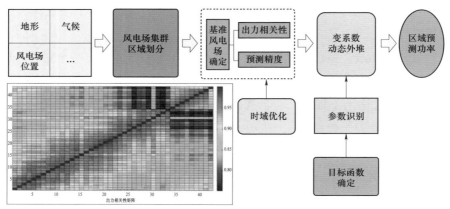

图4-31 统计升尺度法的典型功率预测流程

（3）空间资源匹配法。空间资源匹配法是一种需要较少计算资源,且具有较高预测精度的集群功率预测方法。该方法首先建立历史风速矩阵数据库,然后将集群内风电场的待预测时刻的风速数据与之相匹配,从而挖掘出与待预测时刻风速矩阵匹配度高的一部分样本,进一步将这一部分样本的历史功率加权求和得到风电集群未来某时刻的功率预测结果。其预测步骤包括空间资源风速矩阵构建、空间资源匹配距离计算、距离门槛设置、历史功率数据加权求和等。

（4）各方法对比。累加法、统计升尺度法以及空间资源匹配法的对比如表4-5所示。

表4-5　　　　　　　　　　风电集群功率预测方法对比

对比项	累加法	统计升尺度法	空间资源匹配法
原理	对风电集群内的每个风电场单独进行功率预测,将结果累加求和	以预测效果较好的代表风电场的预测结果在空间上升尺度得到区域风电功率	挖掘相似空间资源分布的历史时刻
优点	方法简单	精度高、建模简单、有效剔除各风电场间的冗余因素	需要的计算资源少且具有较高的预测精度

续表

对比项	累加法	统计升尺度法	空间资源匹配法
缺点	对数据依赖性强、精度低	难以解决突发因素的影响	模型参数优化难度较大
适用范围	适用于稀疏分布且规模较小的风电集群	适用于含分散式风电场或发电信息无法采集风电场的区域风电功率	适用于规模较大的风电集群

4.4.4　实例分析

以东北某省的风电为例,利用该省 2014 年 1～12 月的运行数据分别构建统计升尺度预测模型和空间资源匹配预测模型,然后采用 2015 年的数据进行测试。随机选择两天作为示例,统计升尺度法和空间资源匹配法的预测曲线和实际曲线的对比如图 4−32 所示。

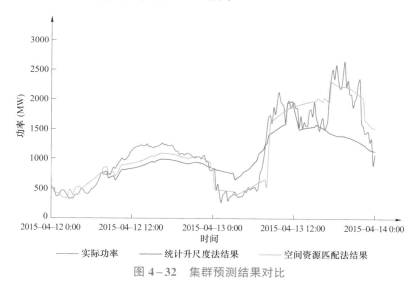

图 4−32　集群预测结果对比

所有测试样本的误差统计结果如表 4−6 所示,所统计的误差指标包括均方根误差(RMSE)、平均绝对误差(MAE)、相关系数(r)和误差小于20%的比例。

从预测结果可知,空间资源匹配法较统计升尺度法获得的预测结果精度高大约 1%,空间资源匹配法性能更佳,但方法更复杂,且需要高质量的长时间历史数据。

表 4-6　　　　　统计升尺度法和空间资源匹配法预测结果比较

名称	rMAE（%）	rRMSE（%）	r	误差小于20%的比例
空间资源匹配法结果	11.82	14.50	0.68	0.81
统计升尺度法结果	12.30	15.60	0.65	0.76

4.5　未来发展方向

随着人工智能、大数据挖掘等前沿技术的发展，风电功率确定性预测未来可能在如下方面取得新进展。

4.5.1　区域集成建模技术

目前的风电短期功率预测物理方法采用单场建模方式，模型复杂，建模工作量大。随着大数据技术和超级计算机的发展，区域集成建模技术将成为未来发展的方向，结合地理信息系统，融入地形、地貌基础数据，同时从卫星图片系统中提取并融入最新的地形信息，形成底层物理构架；在物理层上，构建所有风电机组的标准模型库和风电机组、测风塔等风电场相关信息的标准导入接口，形成模型层；输入 NWP 及其他实时信息，获得任一风电场、区域乃至全国的风电功率预测结果，并能进行相关分析，形成应用层。最终实现风电的高效、准确预测。

4.5.2　基于深度学习的智能预测建模技术

对于预测模型本身，除了对现有方法的改进之外，近年来，随着深度学习的发展，一些学者提出基于深度学习的预测模型，该方法主要基于机器学习、智能算法以及多层神经网络建立。由于智能模型具有自学习能力，与物理、统计模型相比，其具有更高精度的预测结果。随着深度学习的不断发展，基于神经网络的预测模型越来越受到人们的关注，已提出的神经网络包括深信度网络、深度神经网络以及循环神经网络等。

深度学习算法具有多层的内部结构和特征学习训练方法，对风电功率预测性能的提升效果较为显著。考虑影响风力发电功率的诸多因素，在建立传统的浅层模型时，需要对其特征因素进行分析。在深度学习算法中，强调了模型特征结构的深度，深度学习模型结构中通常有 4 个、5 个甚至 10 个隐含层，使模型包含更多信息。此外，深度学习强调特征学习的重要性。通过逐层特征变换和对样本中抽象特征的自动研究，将原始空间中的特征表现转化为更抽象的特征空间。因此，基于深度学习的模型可以从不同的区域和不同的时域学习不同的隐含特征，然后进行有针对性的预测，获得更好的预测结果，从而改进同一模型的泛化能力，以应对不同的预测条件。可以预见将深度学习应用到风电短期功率预测上将有可能为该领域的发展带来新的机会。

4.5.3　数值天气预报循环更新技术

以实时的卫星数据、气象站观测数据、新能源电站资源观测数据等为输入，采用 NWP 循环更新技术，循环更新未来临近时段的 NWP 数据，提高用于风电超短期功率预测精度的 NWP 数据的精度。

4.5.4　基于波动持续规律挖掘的超短期预测技术

结合人工智能、大数据挖掘等前沿技术，以风电功率波动的持续规律为依据，通过识别和挖掘历史类功率波动的持续规律，实现风电超短期功率的预测，形成不同于传统预测技术路线的超短期预测方法。

第 5 章

风力发电功率概率预测方法

风电功率概率预测是在确定性预测结果的基础上，给出不同置信度下确定性预测结果可能的偏差范围，或针对某一波动剧烈的事件开展针对性风险概率预警，前者称为功率区间预测或误差带预测，后者称为爬坡事件预测。概率预测可以提高功率预测在调度策略优化中的支撑价值，提升功率预测的实用化水平。欧美等风电发达地区的预测技术体系中，将场景预测也纳入概率预测范畴，所谓场景预测，是针对预测目标给出其可能的功率场景曲线，由多个曲线集合构成，是在集合 NWP 技术基础上发展而来。通过集合 NWP 结果可直接实现场景预测，在集合 NWP 出现之前，场景预测主要通过历史预测误差概率分布的抽样获得。

5.1 不同特性预测误差识别

风电场功率区间预测是指在单个风电场的确定性预测结果基础上，提供不同置信度下确定性预测结果可能的偏差范围。常规方法是通过足够时间长度的历史确定性预测误差概率分布获得，当前的技术发展聚焦在如何识别不同特性的误差样本，从而根据预测结果较实际功率的不同偏离情况调整预测区间的宽度，实现在保障置信度水平的基础上，提高误差带的精准度。高精准度的风电场发电功率区间预测是在风电场预测误差特性识别的基础上，通过分析各条件概率分布获得，其基础和重点是不同特性预测误差的识别和划分，最后通过确定不同置信度下的分位点，实现风电场发电功率区间预测。

5.1.1 基于功率水平划分的识别方法

以三个实际运行风电场分析风电功率预测误差的功率水平特性，三个风电场均采用人工神经网络的统计方法进行预测。以 F1、F2 和 F3 分别代表三个风电场，其中，F1 风电场位于我国华东沿海地区，地形结构相对简单，以平原性地貌为主，且气象环境较为单一；F2 风电场位于我国东北地区，地形复杂程度一般，处于海洋性气候与大陆性气候相互作用地带；F3 风电场位于我国西北地区，地形复杂，主要受大陆性气候影响，预报复杂性最高。表 5-1 对三个风电场的相关信息进行了说明。

表 5-1   风 电 场 信 息

风电场	装机容量（MW）	开始日期	结束日期	有效数据量
F1	200	2016-01-01	2017-01-03	33 716
F2	98.8	2016-11-08	2017-11-17	33 785
F3	110	2016-06-11	2017-08-24	37 862

F2 风电场实测功率与预测功率总体分布对比如图 5-1 所示，仅展示了 F2 风电场的分布情况，其他风电场的分布情况与 F2 类似。

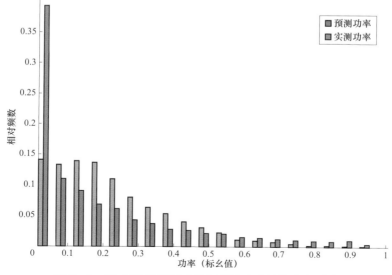

图 5-1   F2 风电场实测功率与预测功率总体分布对比

从图 5—1 中可以看出，实测功率序列呈现类指数分布的特性，但预测功率序列却呈现类似威布尔分布的特性。预测功率分布中，低水平估计值与实际情况相比大量减少，即实际低水平出力在预测系统中被高估；高水平估计值较实际情况亦减少，说明实际高水平出力被预测系统低估；预测数据中两端数据被压缩到中等功率水平，使预测功率的中等功率水平分布频数显著大于实际情况，从序列总体上看，预测功率呈现"上不去，下不来"的特点。

从功率曲线的角度不难理解这种情况，功率曲线在风速两端对预测的不确定性起抑制作用，但误差空间被放大，在 NWP 数据准确率不高的情况下，只能将预测数据压缩至误差空间相对较小的中段部分，以尽可能减小极端误差。功率曲线对预测误差的影响示意如图 5—2 所示。在风速的两端，预测误差的分布范围相对较小，即不确定性较低，但容易出现极端误差；在中间风速段，误差分布范围较大，不确定性增加。

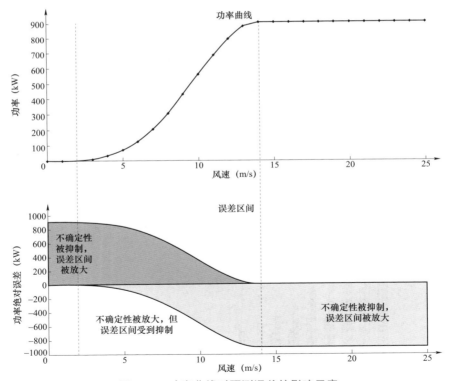

图 5—2　功率曲线对预测误差的影响示意

　　产生预测功率"上不去，下不来"的根本原因是 NWP 的准确度不够。在历史库中，当相似的 NWP 数据所对应的实际发电功率有较大差别时，比如，当一段较大风速的相似 NWP 数据在历史库中对应的实际数据既存在较高功率水平又存在无出力功率水平，而且它们出现的情况几乎一样多，此时为使输出误差最小，只能使预测的发电功率趋于它们的中间态。但是如果相似的 NWP 数据对应的实际功率输出具有相对稳定的相似特性，此时系统可直接将预测输出变换至与实际相似的状态，而与输入数据的具体所处状态无关。对于在数值水平上相似的预测输出，其输入或者说其所处的数据环境不相同，那么它们所表现出的数据特性肯定也不相同，如果能够对不同数据环境的数据加以区分，则能够提高对预测结果的识别度，同时据此缩小误差带区间。可据此判断，风电功率预测误差应具有较为显著的功率水平特性。

　　误差功率水平特性是指预测误差在不同预测功率水平下的分布特征存在较为显著的差异。功率水平的划分方法为

$$\Delta P_i = \begin{cases} [0, \eta P_c] & i = 1 \\ [\eta P_c \times (i-1), \eta P_c \times i] & i = 2, \cdots, \dfrac{1}{\eta} \end{cases} \qquad (5-1)$$

式中　　ΔP_i ——功率水平，MW；

　　　　η ——功率水平系数；

　　　　P_c ——装机容量，MW；

　　　　i ——功率水平序号。

　　功率水平越细化，越能够掌握误差的内在性质，但在数据样本总量一定的情况下，功率水平细化得越多，每个细化样本中的数据量就会相应地减小，导致数据样本不能够反映出相应水平下误差的真实分布情况，两者产生矛盾，因此，功率水平的细化程度，应根据具体数据样本和总体误差情况确定。

　　基于人工神经网络的风电功率预测误差，由于神经网络对风速等信息的转化，使预测误差失去了预测尺度的信息。按照不同功率水平分析，能够有效识别和区分误差的不同特性，因而采用功率水平划分是一种有效把

握预测不确定性的方法。同时，NWP 数据与预测误差有十分紧密的关系，因而引入 NWP 信息研究预测结果的不确定性，对提高风电场发电功率区间预测性能具有重要的意义。

5.1.2　基于风过程模型的识别方法

风属于气象学范畴，其本质是复杂气象物理过程相互作用的结果，因而具有物理规律和物理特性，风过程模型的创建正据于此。通过对实际风电场 NWP 风速和实际误差情况的分析发现，NWP 在中尺度下能够较准确地把握未来天气状况，但在小尺度下，即风过程内部对风况波动变化的把握能力还不理想。如果在不同风过程中，NWP 对过程内部的预测偏差具有恒定的内在反应特性，那么通过不同风过程的划分则能够区分和识别预测误差的不同特点。

通过对我国多个风电场的大量研究发现，冬季风速一般高于夏季、夜间风速一般高于白昼。通过遍历数据研究发现，可以将风过程大体分为五类：低出力风过程、小波动风过程、大波动风过程、双峰出力风过程和持续多波动风过程。

（1）低出力风过程是指风速持续较低的过程，风电机组出力持续在很低水平或者无出力。低出力风过程在所有风过程中占很大部分，在夏季风能资源相对较少的季节出现较多。由于该种风过程受局地气象影响，波动变化较难把握，因而表现为量化误差小，但预测精度（相关系数）却很差的特点。低出力风过程的数学模型界定为

$$L_o\{w_j\} = \begin{cases} w_j \in \{w\} & j = 1, \cdots, n \\ w_1, w_n \in \{w_{\min}\} \\ w_{\max}^i \in (0, T_1] & i = 1, \cdots, l(l < n) \\ w_{\max}^{-1}, w_{\max}^{l+1} \in (T_1, w_{cap}] \\ w_1, w_n \in (0, T_1] \end{cases} \quad (5-2)$$

式中　$L_o\{w_j\}$ ——NWP 预测风速经三次方处理后的时间序列，为低出力风过程，假设该过程由 n 点序列组成，m/s；

w_j ——低出力风过程的预测风速，m/s；

$\{w\}$ ——预报风速序列，m/s；

w_1、w_n ——风过程的起点、终点，m/s；

$\{w_{\min}\}$ ——$\{w\}$ 序列中的局部极小值序列，m/s；

$w_{\max}^i$ ——风过程中所包含的所有极大值点，m/s；

l ——风过程中所包含的极大值点个数；

$w_{\max}^{-1}$ 和 $w_{\max}^{l+1}$ ——与低出力风过程紧密相邻的两端极大值点，m/s，此处使它

们大于阈值 T_1 是为了保证低出力风过程取得最长的值；

w_{cap} ——$\{w\}$ 序列的最大值，m/s；

T_1 ——判别阀值，m/s，其值按如下公式计算

$$T_1 = mean(w_j) \cdot \eta_1 \tag{5-3}$$

式中 $mean(\bullet)$ ——取平均值函数；

η_1 ——阈值系数，根据不同风电场的具体风况条件设定，一

般取 0.5 左右。

以上各参量同样适用于本章节中的相关内容。

（2）小波动风过程一般由局部气流引起，在夏季出现较多。从起风到结束持续时间较短，一般在二三十点左右（15min/点），风速较低，对风电机组有一定驱动作用，总体出力较低，但该过程的预测准确率却较低。经过分析发现，该过程的主要误差来源是不能准确把握过程的开始和结束时刻，甚至出现趋势完全相反的预测结果。小波动风过程的数学模型 $S_f\{w_j\}$ 界定为

$$S_f\{w_j\} = \begin{cases} w_j \in \{w\} & j = 1, \cdots, n \\ w_1, w_n \in \{w_{\min}\} \\ w_1, w_n \in (0, T_1] \\ w_{\max}^i \in (T_1, T_2] & i = 1, \cdots, l(l < n) \\ w_{\max}^i \in \{w_j\} \\ w_{\min}^k \in \{w_2, \cdots, w_{n-1}\} & k = 1, \cdots, l-1(l < n) \\ w_{\min}^k \notin (0, T_0] \end{cases} \tag{5-4}$$

式中 $w_{\min}^k$ ——第 k 个极小值点，m/s；

T_0 ——过程结束控制阈值，其值一般取 $0.1 \, mean(w_j)$，m/s；

T_2 ——判别阀值，W，其值按如下公式计算

$$T_2 = mean(w_j) \cdot \eta_2 \tag{5-5}$$

式中　η_2——阈值系数，根据不同风电场的具体风况条件设定，一般取 1 左右。

小波动风过程的数学模型可将独立小波动过程和连续小波动过程整合，当该模型应用于独立小波动过程时，l 将取 1，此时 k 的表达式将会出现错误。因而强制性定义当 $l=1$ 时，取 $k=0$；式（5-4）中的最后两式是为了保证过程的唯一性，即该过程中仅包含一个这样的过程。

（3）大波动风过程一般由大型天气引起，如寒潮等，它一般在秋冬季节出现较多。其与单独小波动风过程的外形相似，但大波动风过程的持续时间和强度比后者大。大波动过程的持续时长一般在 $10\sim20\mathrm{h}$，过程中极大风速较大，经过对全国多个风电场分析，在某些风电场中，其强度能使风电机组切出。过程中随机波动相对较少，NWP 能较准确地把握，特别是气象环境相对简单时，但在复杂地形，有时存在波动延时或超前现象时，则可能引发较大误差。大波动风过程的数学模型 $L_f\{w_j\}$ 界定为

$$L_f\{w_j\} = \begin{cases} w_j \in \{w\} & j=1,\cdots,n \\ w_1, w_n \in \{w_{\min}\} \\ w_1, w_n \in (0, T_1] \\ w_{\max}^{-1}, w_{\max}^2 \notin \{w_j\} & j=1,\cdots,n \\ w_{\max} \in \{w_j\} & j=1,\cdots,n \\ w_{\max} \in (T_2, w_{\mathrm{cap}}] \end{cases} \tag{5-6}$$

式中　$w_{\max}^2$——与大波动风过程极大值相邻的下一个局部极大值，m/s；

　　　$w_{\max}$——$w_{\max}^j$ 在 $i=1$ 时的取值，m/s。

大波动风过程的界定方法与独立小波动的方式相同，各参量的定义可参见独立小波动风过程的解释。只是该过程的极大值明显大于后者，处于第二阈值区域。

（4）双峰出力风过程亦由较强对流天气引起，一般是在一个连续的天气过程中受局地环境影响而在过程中出现风速下降，或者一个天气过程后再跟随另一个大气运动。双峰出力风过程包含两个出力风过程；除了类似于大波动风过程，还包含一个强度在 T_1 阈值以上区间的波动过程。因而该过程的持续时间和包含的风能大于大波动风过程。由于双峰出力风过程包

含两个极值点，在预测时很难准确把握两极值的到达时刻，使得该过程会引入较大的横向误差。同时，由于副峰的强度相对较弱，在实际过程中会引入较多随机波动，因而该过程亦存在一定量的纵向误差。双峰出力风过程的数学模型 $T_p\{w_j\}$ 界定为

$$
T_p\{w_j\} = \begin{cases}
w_j \in \{w\} & j = 1, \cdots, n \\
w_1, w_n \in \{w_{\min}\} & \\
w_{\max}^i, w_{\min}^k \in \{w_j\} & i = 1, 2; k = 1; j = 1, \cdots, n \\
w_{\max}^i \in (T_1, w_{cap}] & i = 1, 2 \\
\exists w_{\max}^i \in (T_2, w_{cap}] & i = 1, 2 \\
w_{\min}^k \in (T_1, w_{cap}] & k = 1 \\
w_1, w_n \in (0, T_1]
\end{cases}
\tag{5-7}
$$

由于两个极大值点大小先后顺序出现的不同，可将双峰出力风过程进一步细化为前向双峰和后向双峰。

（5）持续多波动风过程是风电场出力最主要的来源，一般出现在风能资源最丰盛季节，是大型天气过程持续作用的结果，如寒潮入境。持续多波动风过程表现为风速最小都维持在 T_1 阈值以上，过程中至少包含一个极大风速居于 T_2 阈值区域，而且该过程至少维持在三个波动过程，持续时间长。持续多波动风过程不可避免地受随机因素或局地气候影响，过程中的波动可能会因某些小因素的作用而改变，使预测结果产生较大误差。持续多波动风过程在风电场出力总量中占很大部分，是决定预测模型精度的主要过程之一。持续多波动风过程的数学模型 $C_v\{w_j\}$ 界定为

$$
C_v\{w_j\} = \begin{cases}
w_j \in \{w\} & j = 1, \cdots, n \\
w_1, w_n \in \{w_{\min}\} & \\
w_{\max}^i \in (T_1, w_{cap}] & i = 1, \cdots, l(l < n) \\
\exists w_{\max}^i \in (T_2, w_{cap}] & i = 1, \cdots, l(l < n) \\
w_{\max}^i \in \{w_j\} & i = 1, \cdots, l(l < n); j = 1, \cdots, n \\
w_{\min}^k \in \{w_2, \cdots, w_{l-1}\} & k = 1, \cdots, l-1 \\
w_{\min}^k \in (T_1, w_{cap}] & \\
w_1, w_n \in (0, T_1]
\end{cases}
\tag{5-8}
$$

持续多波动风过程包含多个波动，由于这些波动都维持在较高水平，由连续天气过程引起，因而将其作为一个整体研究。

选取不同区域 F1、F2 和 F3 三个风电场对不同风过程下的预测误差情况进行分析，不同风过程下的均方根误差如图 5-3 所示。可知不同风过程下的均方根误差不同，低出力风过程的均方根误差均最小，持续多波动风过程的均方根误差均最大，表明按风过程划分误差具有普适性；低出力风过程均方根误差最小，小波动风过程次之，大波动风过程和双峰出力风过程大体相当，持续多波动风过程误差最大。按不同风过程分类研究，在一定程度上划分出了不同特性的误差情况。

基于风过程模型，能够实现不同特性误差的识别和区分，以上分析为风电场发电功率区间预测奠定了基础。

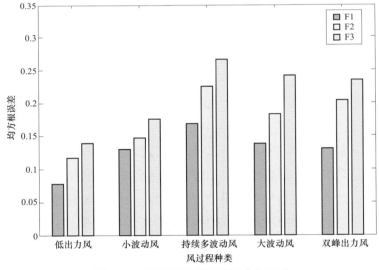

图 5-3　不同风过程下的均方根误差

5.2　风电场功率区间预测方法

风电场功率区间预测可在不同特性预测误差识别的基础上，通过对不同特性误差样本的概率密度估计与分布拟合，在给定的置信度水平下给出风电场未来功率的不确定范围。

5.2.1　不同特性预测误差概率分布估计方法

统计分析是在收集及分析数据的基础上作出推断的科学，以实际数据作为出发点建立相应模型，然后采用模型进行推断。因为现实世界是多样的，不可能存在一个模型描述所有实际问题，任何一个由数据总结出来的模型都需要回到实际数据进行检验，并用新数据不断对其进行修正。经典统计理论中，统计一般由两部分组成：估计和检验。它一般假设数据总体的分布形式已知，未知的是分布中的模型参数，所要做的是通过数据样本确定未知参数。但现实世界复杂多样，其分布大多难以用某一具体的模型加以表征，如果强制性采用某一参数估计或检验，其结果将不准确，甚至可能产生严重后果。

准确把握风电功率预测误差的分布特性，是有效提高风电场发电功率区间预测性能的关键。由于风电机组功率曲线的非线性特性，使风电功率预测误差的分布失去对称性，采用具体分布函数进行拟合，不能准确反应预测误差的真实分布，尤其经过风过程划分和功率水平划分后的误差分布更无确定分布形式。

5.2.1.1　预测误差概率密度估计

密度估计就是通过从总体样本中取得的样本去估计其概率密度函数 f，数理统计中的直方图法❶就是一种最简单的概率密度估计方法。预测误差的概率密度直接反应其分布特性，从而决定其估计区间，因而对预测误差概率密度的估计直接影响估计结果的精度。概率密度估计的方法有 Rosenblatt 估计、核估计和最近邻估计等。Rosenblatt 估计方法认为随机变量 X 如有概率密度 f，则 X 在区间 $[a,b]$ 上的概率为

$$P\left(a\leqslant X\leqslant b\right)=\int_a^b f\left(x\right)\mathrm{d}x \tag{5-9}$$

如有简单的样本 $X_1,\cdots,X_n$，则

$$P(a\leqslant X\leqslant b)=\#\{i:1\leqslant i\leqslant n,a\leqslant X_i\leqslant b\}/n \tag{5-10}$$

---

❶ 又称质量分布图，是一种统计报告图，由一系列高度不等的纵条纹或线段来标识数据分布的情况。

式中　#{ • }——集合元素个数统计函数。

则有

$$P(a\leqslant X\leqslant b)/(b-a)=\int_a^b f(x)\mathrm{d}x\Big/(b-a) \tag{5-11}$$
$$=\#\{i:1\leqslant i\leqslant n,a\leqslant X_i\leqslant b\}/n(b-a)$$

当 $b-a$ 充分小时，$\int_a^b f(x)\mathrm{d}x\Big/(b-a)$ 可近似代表 $f(x)$ 在 $[a,b]$ 区间上的值。令

$$h=b-a \tag{5-12}$$
$$I=\forall[a,b] \tag{5-13}$$

则对任意的 $x\in I$，有

$$f(x)=\#\{i:1\leqslant i\leqslant n,\ X_i\in I\}/nh \tag{5-14}$$

这样就得到了一个 f 的密度估计，但其存在一个明显的缺点，对于每个区间 I 的边缘部分，密度值的估计较差。Rosenblatt 对其进行了简单改进。Rosenblatt 估计方法是根据实际情况，取定一个正数 h，对于随机变量的每一个 x，采用 I_x 表示以 x 为中心，长为 h 的区间，即

$$I_x=\left[x-\frac{h}{2},x+\frac{h}{2}\right] \tag{5-15}$$

如果用 $f_n(x)=f_n(x;X_1,\cdots,X_n)$ 表示这个估计，则

$$f_n(x)=\frac{1}{nh}\#\{i:1\leqslant i\leqslant n,X_i\in I_x\} \tag{5-16}$$

式中　$f_n(x)$——Rosenblatt 估计的概率密度函数。

Rosenblatt 估计的改进之处在于以移动的分割区间代替直方图法中的固定分割区间，让分割区间 I 随着 x 移动，使 x 始终处于区间的中心位置，从而获得了比较好的效果。重点是确定 h 值，h 太大则平均化作用突出，淹没了密度的细节部分；h 太小则受随机因素的影响较大，产生极不规则的形状。其取值无现成规则可循，一般只能通过经验选择恰当的 h，以平衡上述两种效应。

5.2.1.2　预测误差概率分布估计

统计分析有参数统计和非参数统计之分。参数统计需要了解总体的分布形式，然后确定拟合模型，所要做的是根据样本数据对模型中的未知参

数进行估计；而非参数统计对总体的分布形式没有要求，它是在对总体分布形式未知的情况下进行推断的统计方法。与参数统计相比，其优点是：

（1）在利用样本对总体进行估计时，不需要确定样本所属总体分布形式，在精度条件较为宽松时可以应用于总体。特别是当总体分布形式未知或无法确定时，参数估计不能处理，只能借助于非参数估计的方法。与参数方法相比，非参数估计对总体分布所加条件较宽，因而使用面更广，具有较好的稳健性。

（2）由于非参数估计不需要确定总体的分布形式，因而与总体分布的具体参数无关，无需对总体分布参数进行估计或检验。

（3）非参数估计无需假设和检验总体的参数，条件更容易满足，在广泛的基础上能得出更加普遍性的结论。

（4）计算简单，处理问题广泛，在多数分布未知时比参数方法更有效。

不同风过程和功率水平下的误差分布各不相同，其分布形式无法确定，因此，风电场不同特性的预测误差概率分布更适合采用非参数估计方法，其分布情况通过非参数回归的方法能够实现建模和推演。非参数回归方法假设两组变量 X 和 Y 存在着一定的函数关系 $y \approx f(x)$，或者是对 $i = 1, \cdots, n$ 有

$$y_i = m(x_i) + \varepsilon_i \qquad (5-17)$$

式中　ε_i ——随机误差。

对于取定的 x，虽然不能确定 y 的值，但 y 的条件分布由 x 确定，这种依赖关系就是最广意义下的回归关系。在经典回归分析中，常假定 (X', Y') 有多元正态分布 $N(\mu, \Sigma)$

$$\mu = \begin{bmatrix} \mu_1 \\ \mu_2 \end{bmatrix}, \ \Sigma = \begin{bmatrix} A_{11} & A_{12} \\ A_{21} & A_{22} \end{bmatrix} \qquad (5-18)$$

其中，μ 和 Σ 表达式中的分块相当于 X 和 Y 的维数。在此假定下，当给定 $X = x$ 时，Y 的条件分布仍为多元正态分布，Y 的条件期望为

$$m(x) = E(Y \mid X = x) = \mu_2 + A_{21} A_{11}^{-1}(x - \mu_1) \qquad (5-19)$$

其中，函数 $m(x)$ 即是 Y 对 X 的回归函数，它表征了 Y 的条件期望随 X 的

变化情况。对于来自 (X, Y) 中的随机样本 $Z_n = \{(X_1, Y_1), \cdots, (X_n, Y_n)\}$，如果总体的分布可以确定，则可以通过最小二乘等方法估计其未知参数。然而在很多实际问题中，其不一定满足正态分布，这时需要另外找办法估计回归函数 $E(Y|x)$。如果能估计 $E(f(y)|x)$，其中 f 为任意函数，则当 $f(Y) = I[Y \in A]$（A 是某个区间）时，就能估计条件概率，而当 $f(Y) = Y$ 或 $f(Y) = [Y - E(Y|x)]^2$ 时即得条件均值或条件方差的估计，于是转化成估计回归函数 $E(Z|x)$，其中 $Z = f(x)$。Stone 在 1977 年提出了非参数回归估计的权函数方法，有效解决了实际应用中总体分布无法确定所带来的问题。

设 $(X_i, Y_i), i = 1, \cdots, n$ 是来自 (X, Y) 的随机样本，其中自变量 X 为 d 维，对于给定的 $x \in \mathbf{R}^d$，样本 $X_1, \cdots, X_n$ 中恰好等于 x 的样本 $(X_{ij}, Y_{ij}), j = 1, \cdots, k$，在估计 $m(x)$ 时显得比别的样本重要。如果用 $W_{ni}(x) = W_{ni}(x; X_1, \cdots, X_n)$ 表示样本 (X_i, Y_i) 在估计时的重要程度，或者说样本 (X_i, Y_i) 的权，则 $W_{ni}(x)$ 应有如下形式

$$W_{ni} = \begin{cases} \dfrac{1}{k} & i \in (i_1, i_2, \cdots, i_k) \\ 0 & \text{其他} \end{cases} \qquad (5-20)$$

因 $X_{ij} = x, j = 1, \cdots, k$，故 (X_{ij}, Y_{ij}) 应有相同的权值。式（5-20）中的 W_{ni} 即为一个最简单的权函数。

以 n 记样本大小，则 n 个形如 $W_{ni}(x) = W_{ni}(x; X_1, \cdots, X_n), i = 1, \cdots, n$ 的函数就称为权函数，若

$$\begin{cases} W_{ni}(x) \geqslant 0 & 1 \leqslant i \leqslant n \\ \displaystyle\sum_{i=1}^{n} W_{ni}(x) = 1 \end{cases} \qquad (5-21)$$

则称 $\{W_{ni}\}$ 为概率权函数。对给定的权函数 $\{W_{ni}\}$，回归函数 $m(x)$ 的估计为

$$m_n(x) = \sum_{i=1}^{n} W_{ni}(x) Y_i \qquad (5-22)$$

核回归是权函数估计中的一种，该方法采用核函数法构建权函数。对于选定的核函数 K 和窗宽 h_n，有

$$W_{ni}(x) = K\left(\frac{x - X_i}{h_n}\right) \bigg/ \sum_{i=1}^{n} K\left(\frac{x - X_i}{h_n}\right), i = 1, \cdots, n \qquad （5-23）$$

式中　$\{W_{ni}\}$——核权函数，为概率权函数；

　　　K——核函数，以下为常见的几种核函数。

均匀核函数

$$K(u) = 0.5I\left(|u| \leqslant 1\right) \qquad （5-24）$$

标准正态核函数

$$K(u) = \left(2\pi\right)^{-\frac{1}{2}} \exp\left(-\frac{1}{2}u^2\right) \qquad （5-25）$$

抛物线核函数

$$K(u) = 0.75\left(1 - u^2\right) \qquad （5-26）$$

根据式（5-22）可得相应的核回归函数

$$m_n(x) = \left[\sum_{i=1}^{n} K\left(\frac{x - X_i}{h_n}\right)Y_i\right] \bigg/ \sum_{i=1}^{n} K\left(\frac{x - X_i}{h_n}\right) \qquad （5-27）$$

式中，分子项为对 $\int yf(x, y)\mathrm{d}y$ 的估计，分母项为对 $f(x)$ 的估计。估计的合理性可做如下解释：设 (X, Y) 有概率密度 $f(x, y)$，则有

$$\begin{aligned} m(x) &= E(y \mid x) = \int yf(x, y)\mathrm{d}y \bigg/ \int f(x, y)\mathrm{d}y \\ &= \int yf(x, y)\mathrm{d}y \bigg/ f_X(x) \end{aligned} \qquad （5-28）$$

边缘密度 $f_X(x)$ 的核估计为 $\dfrac{1}{nh_n^d}\sum_{i=1}^{n} K\left(\dfrac{x - X_i}{h_n}\right)$，而 $\int yf(x, y)\mathrm{d}y$ 可用

$\dfrac{1}{nh_n^d}\sum_{i=1}^{n} K\left(\dfrac{x - X_i}{h_n}\right)Y_i$ 估计，分别将这两个估计代入式（5-28）的分子和分母，有

$$\begin{aligned} m(x) &= \int yf(x, y)\mathrm{d}y \bigg/ f_X(x) \\ &= \frac{\dfrac{1}{nh_n^d}\sum_{i=1}^{n} K\left(\dfrac{x - X_i}{h_n}\right)Y_i}{\dfrac{1}{nh_n^d}\sum_{i=1}^{n} K\left(\dfrac{x - X_i}{h_n}\right)} = \frac{\sum_{i=1}^{n} K\left(\dfrac{x - X_i}{h_n}\right)Y_i}{\sum_{i=1}^{n} K\left(\dfrac{x - X_i}{h_n}\right)} \end{aligned} \qquad （5-29）$$

即得到式（5-27）的核回归函数。

核回归方法的好处是有一个明确的关于 x 的表达式，在实际应用中便于操作，因而被广泛采用。从非参数回归适用条件和对问题解决程度来看，采用非参数回归模型能够有效拟合风电功率预测误差的分布情况，解决误差分布无法确定的问题，为区间预测提供了理论支撑。

5.2.2 风电场发电功率区间预测模型构建方法

风电场发电功率区间预测建模过程中，数据的真实性和准确性对区间预测有直接的影响，因而需要对数据进行认真的筛选和审验。

5.2.2.1 数据处理

前期数据处理包括功率数据处理和 NWP 数据处理。功率数据处理主要针对限电、故障和检修等非正常功率数据；NWP 数据处理则主要是滤除预测风速序列中的随机干扰等。

（1）功率数据处理。风电场实际功率数据通过 SCADA 系统自动收集、处理和储存，仅按照 15 min 收集和存储一次数据，一天 96 个数据，一年将产生 3 万多条数据。如此大规模的数据，在采集、处理和存储过程中难免会发生错误，同时由于时间跨度较长，如果存在对数据的管理不严格或人为操作失误等因素，将会产生数据的丢失或造成数据错误。通过对全国多个风电场数据的研究发现，数据的丢失和错误普遍存在。

故障和限电等非正常数据会影响区间预测模型的准确性，从而对区间预测产生影响，因而需要对非正常数据进行处理，目前主要采用理论发电信息恢复、借助附近风电场功率修正或直接删除等。

根据预测功率与修正后的实际功率便可得到样本点的相对误差 E 为

$$E = \frac{P_{\mathrm{P}} - P_{\mathrm{Mr}}}{P_{\mathrm{c}}} \qquad (5-30)$$

式中　P_{P}——预测功率；

　　　P_{Mr}——修正后的实际功率；

　　　P_{c}——装机容量。

需要注意的是，由于数据量较大，很容易产生数据时刻错位，且不容易查出，这将产生严重的错误。

（2）NWP 数据处理。NWP 数据与功率数据相比少了采集等环节，而且本地也存在备份，稳定性较高，因而省去了非正常数据处理的环节。

通过风过程分类识别不同形式的预测误差。通过自动划分模型能够实现风过程自动识别，但前提是需要对 NWP 风速进行预处理。以下为处理方式。

1）根据功率数据时段，提取对应 NWP 数据 $\{N_{\mathrm{p}}\}$。

2）确认 NWP 数据与功率的对应关系，防止数据时间错位情况发生。

3）提取风速序列 $\{W_{\mathrm{p}}\}$，并进行三次方处理，使其转化成序列 $\{W_{\mathrm{p'}}\}$。其目的是便于合理的设置阈值 T_1 和 T_2。

4）选取合适的小波函数和恰当的滤波尺度对风能序列进行滤波，以去除其中的干扰因素。

滤波采取小波变换的方法，在滤除风能序列中随机干扰的同时，通过小波重构保持序列的原有属性。但当滤波尺度较大时，如果数据有中断，如删除非正常数据，则需进行分段处理，否则将会造成数据的丢失。

5.2.2.2　风过程数据建立

根据滤波后风能序列能够得到局部极值点序列 $\{E_x\}$，其中包含极大值集合和极小值集合，结合确定的风过程分类识别阈值 T_1 和 T_2，由风过程自动划分模型能得到各风过程的位置索引，根据该索引便能确定各风过程下的样本数据。根据风过程便能得到对应的预测功率数据和预测误差数据为

$$P_{\mathrm{P},i} = P_{\mathrm{P}}|v_i \quad i = 1,\cdots,5 \tag{5-31}$$

式中　v_i——各过程下的预测风速。

$P_{\mathrm{P},i}$ 和 E_i 在时间上完全对应，如果各数据在时间上不对应，将会得出毫不相关的功率数据和预测误差数据，从而导致所建模型完全错误，这正是强调数据必须准确对应的原因。风过程数据样本建立流程如图 5-4 所示。

5.2.2.3　功率水平划分

不同风过程下的预测误差 $\{E_i\}$ 具有不同特性，引入功率水平误差的性质又各不相同，功率水平构成不同特性预测误差的区分因子。功率水平和风过程构成了风电场功率区间预测的特性因子 C_{ij}，$\{E_i\}$ 样本根据预测功率水平 ΔP_i 可进行再分组，表达式为

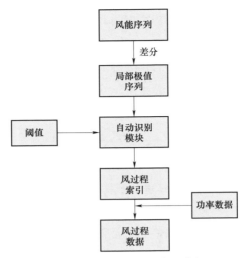

图 5-4 风过程数据建立流程

$$E_{ij} = E_i |\Delta P_i = E|C_{ij} \quad i=1,\cdots,5; j=1,\cdots,\frac{1}{\eta} \qquad (5-32)$$

式中　i ——不同风过程；

　　　j ——不同功率水平；

　　　E_{ij} —— i 风过程 j 功率水平下的预测误差样本集。

理论上功率水平越细化，对误差不同特性的把握越准确，但在总体数据量一定的条件下，功率水平细化得越多也就意味着每个功率水平下包含的数据量越少，可能反而造成区间预测结果不准确，因而功率水平的确定应该根据数据样本容量的具体情况来确定。

5.2.2.4　概率密度估计

采用 Rosenblatt 估计方法可计算 $\{E_{ij}\}$ 的概率密度

$$f_{ij}(x) = \frac{1}{nh_{ij}}\#\{k:1 \leqslant k \leqslant n, E_{ijk} \in I_x\} \qquad (5-33)$$

$$I_x = \left[x-\frac{h}{2}, x+\frac{h}{2}\right] \qquad (5-34)$$

式中　$f_{ij}(x)$ ——概率密度函数；

　　　n —— $\{E_{ij}\}$ 的样本数；

h_{ij} ——窗宽；

E_{ijk} ——h_{ij} 窗宽中的预测误差样本。

5.2.2.5 非参数回归拟合

采用核回归方法拟合 $\{E_{ij}\}$ 的概率密度分布，根据核回归理论可得回归函数

$$m_{ij}(x) = \left[\sum_{k=1}^{n} K\left(\frac{x-e_{ijk}}{h_{nij}}\right) f_{ij}(e_{ijk}) \right] \bigg/ \sum_{k=1}^{n} K\left(\frac{x-e_{ijk}}{h_{nij}}\right) \qquad (5-35)$$

其中，核函数 K 取标准正态核，即

$$K\left(\frac{x-e_{ijk}}{h_{nij}}\right) = (2\pi)^{-\frac{1}{2}} \exp\left[-\frac{1}{2}\left(\frac{x-e_{ijk}}{h_{nij}}\right)^2\right] \qquad (5-36)$$

式中 $m_{ij}(x)$ ——C_{ij} 条件下的拟合回归函数；

　　　x ——自变量，此处为误差值；

　　　e_{ijk} ——概率密度估计中的误差取值；

　　　h_{nij} ——核回归窗宽，确定方法是在满足检验条件的前提下使其尽可能大；

　　exp(•) ——指数函数。

5.2.2.6 分位点确定

根据回归函数 $m_{ij}(x)$ 可以得到 C_{ij} 条件下的总体分布函数

$$F_{ij}(e) = \int_{-1}^{e} m_{ij}(x) \cdot h_{ij} \mathrm{d}x \quad e \in [-1, 1] \qquad (5-37)$$

其中，$m_{ij}(x)$ 应该满足

$$\int_{-1}^{1} m_{ij}(x) \cdot h_{ij} \mathrm{d}x = 1 \qquad (5-38)$$

式中 e ——功率预测误差取值。

在 C_{ij} 条件下，假设置信度水平为 $1-\alpha$，令上分位点为 β_{ij}^{u}，下分位点为 β_{ij}^{l}，则

$$F_{ij}(\beta_{ij}^{u}) - F_{ij}(\beta_{ij}^{l}) = 1-\alpha \qquad (5-39)$$

满足上式的 β_{ij}^{u} 和 β_{ij}^{l} 有无数组，但间距最小的仅一组，在此称为间距最小原则。于是可确定分位点

$$\begin{cases} F_{ij}(\beta_{ij}^{\mathrm{uL}}) - F_{ij}(\beta_{ij}^{\mathrm{lL}}) = 1 - \alpha \\ \beta_{ij}^{\mathrm{uL}} - \beta_{ij}^{\mathrm{lL}} = \min \end{cases} \quad (5-40)$$

式中 β_{ij}^{uL} 、 β_{ij}^{lL} ——C_{ij} 条件下的置信水平等于 $1-\alpha$ 的误差上限、误差下限。

5.2.2.7 概率区间建立

当确立误差上限和下限之后，需要将误差区间转化成预测功率区间

$$\begin{cases} P_{ij}^{\mathrm{uL}} = P_{\mathrm{P},ij} - \beta_{ij}^{\mathrm{lL}} \cdot P_{\mathrm{c}} \\ P_{ij}^{\mathrm{lL}} = P_{\mathrm{P},ij} - \beta_{ij}^{\mathrm{uL}} \cdot P_{\mathrm{c}} \end{cases} \quad (5-41)$$

式中 $P_{\mathrm{P},ij}$ ——C_{ij} 条件下的预测功率。

功率上限 P_{ij}^{uL} 可能超出装机容量 P_{c} 的限制，但实际情况功率上限不可能超过装机容量，因而

$$P_{ij}^{\mathrm{uL}} = \begin{cases} P_{\mathrm{P},ij} - \beta_{ij}^{\mathrm{lL}} \cdot P_{\mathrm{c}} & P_{ij}^{\mathrm{uL}} \leqslant P_{\mathrm{c}} \\ P_{\mathrm{c}} & P_{ij}^{\mathrm{uL}} > P_{\mathrm{c}} \end{cases} \quad (5-42)$$

同样，功率下限 P_{ij}^{uL} 可能变为负数，于是

$$P_{ij}^{\mathrm{lL}} = \begin{cases} P_{\mathrm{P},ij} - \beta_{ij}^{\mathrm{uL}} \cdot P_{\mathrm{c}} & P_{ij}^{\mathrm{lL}} \geqslant 0 \\ 0 & P_{ij}^{\mathrm{lL}} < 0 \end{cases} \quad (5-43)$$

这样就得到了在 C_{ij} 条件下的置信度水平等于 $1-\alpha$ 的预测结果估计区间为

$$\Delta P_{\mathrm{p},ij} = \left[P_{ij}^{\mathrm{lL}}, P_{ij}^{\mathrm{uL}} \right] \quad (5-44)$$

对于一些风过程，在某些功率水平下可能存在无法识别的情况，但实际预测中可能出现，此时可采用其他能识别风过程在相同功率水平下的估计区间通过加权方法进行修正为

$$\Delta P_{\mathrm{P},ij} = \sum_{k=1}^{n} \lambda_k \cdot \Delta P_{\mathrm{P},kj} \quad k \neq i; \ 1 \leqslant n \leqslant 5 \quad (5-45)$$

式中 λ_k ——加权系数，根据具体情况确定，其满足

$$\sum_{k=1}^{n} \lambda_k = 1 \quad k \neq i; 1 \leqslant n \leqslant 5 \quad (5-46)$$

5.2.2.8 回归校验

分布假设检验是对母体分布作某项假设，用母体中抽取的子样检验此

项假设是否成立，可采用卡方检验法❶。

在 C_{ij} 条件下的所有误差 U_{ij} 为母体，其可以划分为有限多项的离散分布。设 $A_1, \cdots, A_l$ 为不同误差事件，满足

$$\begin{cases} \bigcup\limits_{k=1}^{l} A_k = U \\ A_{k1} \bigcap A_{k2} = \varnothing \left(k1 \neq k2 \right) \end{cases} \quad (5-47)$$

其中，l 的取值与 h_{ij} 有关。根据 C_{ij} 条件下的回归函数 $m_{ij}(x)$ 可得到不同误差下的概率 y_{ijk} 为

$$y_{ijk} = m_{ij}(A_k) \bullet h_{ij} \quad k = 1, \cdots, l \quad (5-48)$$

$\{E_{ij}\}$ 为 C_{ij} 条件下的误差样本，假设 n_{ij} 为误差样本 $\{E_{ij}\}$ 的容量，于是可以得到 A_k 误差下的抽样频数 m_{ijk} 满足

$$\sum_{k=1}^{l} m_{ijk} = n_{ij} \quad k = 1, \cdots, l \quad (5-49)$$

如果回归拟合结果与实际情况相符，那么位于误差 A_k 下的抽样频数 m_{ijk} 应该接近于 $n_{ij} \bullet y_{ijk}$。此时，考察样本的实际频数 m_{ijk} 对理论频数 $n_{ij} \bullet y_{ijk}$ 偏差的加权平方和

$$\chi^2 = \sum_{k=1}^{l} \frac{\left(m_{ijk} - n_{ij} \bullet y_{ijk} \right)^2}{n_{ij} \bullet y_{ijk}} \quad (5-50)$$

统计量卡方值（χ^2）的大小反映了子样实际频数分布对理论频数分布的拟合程度。当 n_{ij} 较大时，χ^2 近似的服从自由度为 $l-1$ 的 χ^2 分布。

给定显著性水平 α，若

$$\chi^2 < \chi_\alpha^2 (l-1) \quad (5-51)$$

则认为拟合结果与实际情况相符，具有可信性，否则不可信。其中

$$\alpha = P\left\{ \chi^2 \geqslant \chi_\alpha^2 (l-1) \right\} \quad (5-52)$$

$\chi_\alpha^2 (l-1)$ 的值可由 χ^2 分布上侧分位表查得。

---

❶ 卡方检验法用于分析统计样本的实际观测值与理论推断值之间的偏离程度，实际观测值与理论推断值之间的偏离程度决定卡方值的大小，卡方值越大，越不符合；卡方值越小，偏差越小，越趋于符合，若两个值完全相等时，卡方值就为0，表明理论值完全符合。

5.2.3 风电场发电功率区间预测方法实例分析

采用 5.1.2 中的数据进行方法的实例分析，根据数据处理方法可得到 NWP 100m 层高风速三次方处理后的序列和功率数据序列，如图 5-5 所示。

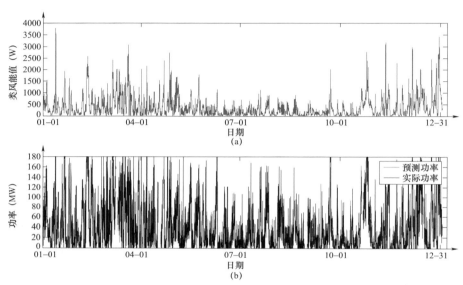

图 5-5 NWP 风速三次方处理后的序列和功率数据序列
（a）NWP 风速三次方处理后的序列；（b）功率数据序列

根据风过程模型，可得到各风过程 v 下的预测功率数据 $P_{P,i}\,(i=1,\cdots,5)$ 和预测误差数据 $E_i\,(i=1,\cdots,5)$。进而，根据功率水平的划分方法可以得到不同风过程和不同功率水平即不同特性因子 C_{ij} 条件下的预测误差数据 E_{ij}，将其随机划分为建模数据 E_{ij}' 和测试数据 E_{ij}''。取 $\eta=10\%$，按照 1:4 比例随机划分就得到了测试数据和功率数据。各特性因子下的样本数据概况如表 5-2 所示。

表 5-2　　　　　　　　各特性因子下的样本数据概况

功率水平 ΔP_j	数据类型	v_1	v_2	v_3	v_4	v_5
$j=1$	$\#\{E_{i1}'\}$	8797	3549	1230	109	197
	$\#\{E_{i1}''\}$	2199	887	308	27	49

功率水平 ΔP_j	数据类型	v_1	v_2	v_3	v_4	v_5
$j=2$	$\#\{E'_{i2}\}$	1470	3226	1698	106	149
	$\#\{E''_{i2}\}$	368	807	425	27	37
$j=3$	$\#\{E'_{i3}\}$	286	1918	1672	118	194
	$\#\{E''_{i3}\}$	71	480	418	30	48
$j=4$	$\#\{E'_{i4}\}$	51	1036	1641	76	132
	$\#\{E''_{i4}\}$	13	259	410	19	33
$j=5$	$\#\{E'_{i5}\}$	1	505	1432	41	90
	$\#\{E''_{i5}\}$	0	126	358	10	23
$j=6$	$\#\{E'_{i6}\}$	1	89	1149	18	63
	$\#\{E''_{i6}\}$	0	22	287	5	16
$j=7$	$\#\{E'_{i7}\}$	1	0	858	12	53
	$\#\{E''_{i7}\}$	0	0	215	3	13
$j=8$	$\#\{E'_{i8}\}$	0	0	490	14	66
	$\#\{E''_{i8}\}$	0	0	122	3	17
$j=9$	$\#\{E'_{i9}\}$	0	0	337	10	0
	$\#\{E''_{i9}\}$	0	0	84	3	0
$j=10$	$\#\{E'_{i10}\}$	0	0	90	0	0
	$\#\{E''_{i10}\}$	0	0	22	0	0

表 5-2 所反映的数据特征与 5.1 节的分析结果基本一致：功率的分布呈现出与指数分布相似的形态，较低功率水平分布最多，较高功率水平分布较少。功率的这种分布性质也为区间预测带来了不利影响：在较高功率水平，本应对预测结果作出更佳的预测，但其数据量相对较少，影响了估计的精度，特别是 v_4 风过程。此时如果仍然按照 $\eta=10\%$ 的功率水平进行划分，将会使每个功率水平下的数据量减少（由表 5-2 可看出），从统计学的观点来说不能被接受，原因是会产生错误的结果。因而，根据风电功率的特性，将大波动风过程仅划分为三类功率水平，分割点取为装机容量

的 20% 和 70%。针对每类的回归拟合进行校验，v_4 风过程校验和窗宽值如表 5-3 所示。

表 5-3 v_4 风过程校验和窗宽值

功率水平ΔP_j	$j=1$（5～20%）	$j=2$（20%～70%）	$j=3$（70%～100%）
窗宽 h_{ij}	0.03	0.07	0.03
检验结果	0.37	9.22	0.75

根据 Rosenblatt 估计方法，可以得到不同特性因子 C_{ij} 条件下误差的概率密度，采用核回归方法便能得到其概率密度分布。概率密度估计窗宽 $h_{ij}=0.1$，核函数取标准正态核，误差自变量从 -1 到 1 每 0.01 间隔取一个值。给定检验显著性水平 $\alpha=0.95$，各 C_{ij} 条件下的回归拟合校验结果如表 5-4 所示。

表 5-4 回归拟合校验结果

功率水平ΔP_j	v_1	v_2	v_3	v_4	v_5
$j=1$	4.87	5.09	7.8		2.4
$j=2$	5.15	3.42	17.69		0.26
$j=3$	3.69	7.25	16.65		0.6
$j=4$	1	4.57	19.35		1.4
$j=5$		6.65	9.19		0
$j=6$		1.43	7.11		0
$j=7$			5.85		0.25
$j=8$			5.78		0.13
$j=9$			1.88		
$j=10$			3.70		

与表 5-4 对应的核回归拟合窗宽的取值如表 5-5 所示。查 χ^2 分布上侧分位数表可得，自由度 $l-1=19$，置信水平取 0.95 时，$\chi^2_\alpha(l-1)=10.117$。根据式（5-52）可得，$v_3$ 风过程下 $j=2,3,4$ 功率水平的误差分布拟合不满足假设检验。主要由概率密度估计窗宽 h_{ij} 的取值不恰当导致，调整 h_{ij} 的值后得到满足检验条件的拟合结果，如表 5-6 所示。

表 5 – 5　　　　　　　　　　　　核回归拟合窗宽的取值

功率水平ΔP_j	v_1	v_2	v_3	v_4	v_5
$j=1$	0.03	0.03	0.04		0.07
$j=2$	0.04	0.03	0.05		0.05
$j=3$	0.04	0.04	0.03		0.07
$j=4$	0.05	0.06	0.03		0.1
$j=5$		0.07	0.09		0.05
$j=6$		0.06	0.07		0.1
$j=7$			0.04		0.15
$j=8$			0.03		0.14
$j=9$			0.05		
$j=10$			0.10		

表 5 – 6　　　　　　　　　　　　调整窗口后的检验结果

$h_{32}=0.14$		$h_{33}=0.12$		$h_{34}=0.12$	
h_{n32}	校验值	h_{n33}	校验值	h_{n34}	校验值
0.05	7.49	0.04	5.09	0.07	7.96

在得到误差的概率分布之后，根据式（5–40）可以确定出满足置信水平的误差上下限分位点。各特性因子下的误差分位点如表 5–7 所示。

表 5 – 7　　　　　　　　　　　各特性因子下的误差分位点

i 取值	限值	v_1	v_2	v_3	v_4	v_5
$i=1$	上限	0.11	0.11	0.13		0.16
	下限	− 0.12	− 0.19	− 0.2		− 0.19
$i=2$	上限	0.23	0.21	0.24		0.23
	下限	− 0.17	− 0.23	− 0.27		− 0.17
$i=3$	上限	0.34	0.3	0.31		0.26
	下限	− 0.21	− 0.27	− 0.35		− 0.22
$i=4$	上限	0.34	0.37	0.39		0.41
	下限	− 0.21	− 0.31	− 0.36		− 0.33

i 取值	限值	v_1	v_2	v_3	v_4	v_5
$i=5$	上限		0.44	0.37		0.42
	下限		-0.29	-0.41		-0.4
$i=6$	上限		0.59	0.41		0.41
	下限		-0.29	-0.36		-0.37
$i=7$	上限			0.37		0.63
	下限			-0.3		-0.37
$i=8$	上限			0.41		0.59
	下限			-0.25		-0.33
$i=9$	上限			0.42		
	下限			-0.22		
$i=10$	上限			0.41		
	下限			-0.22		

　　对于误差分布无法识别的情况可以通过式（5-48）和式（5-49），采用相同功率水平加权的方法得出误差分位点。各特性因子下的修正权值如表 5-8 所示。

表 5-8　　　　　　　　各特性因子下的修正权值

特性因子	C_{15}	C_{16}	C_{17}	C_{18}	C_{19}	C_{110}
v_{i2}	0.5	0.3				
v_{i3}	0.3	0.6	0.6	0.7	1	1
v_{i5}	0.2	0.1	0.4	0.3		
特性因子	C_{27}	C_{28}	C_{29}	C_{210}	C_{59}	C_{510}
v_{i3}	0.6	0.7	1	1	1	1
v_{i5}	0.4	0.3				

　　于是可以得到修正后各特性因子下的误差分位点如表 5-9 所示。

表 5 – 9　　　　　　　　　　修正后各特性因子下的误差分位点

i 取值	限值	v_1	v_2	v_3	v_4	v_5
$i=1$	上限	0.11	0.11	0.13		0.16
	下限	− 0.12	− 0.19	− 0.2		− 0.19
$i=2$	上限	0.23	0.21	0.24		0.23
	下限	− 0.17	− 0.23	− 0.27		− 0.17
$i=3$	上限	0.34	0.3	0.31		0.26
	下限	− 0.21	− 0.27	− 0.35		− 0.22
$i=4$	上限	0.34	0.37	0.39		0.41
	下限	− 0.21	− 0.31	− 0.36		− 0.33
$i=5$	上限	0.415	0.44	0.37		0.42
	下限	− 0.348	− 0.29	− 0.41		− 0.4
$i=6$	上限	0.464	0.59	0.41		0.41
	下限	− 0.34	− 0.29	− 0.36		− 0.37
$i=7$	上限	0.474	0.474	0.37		0.63
	下限	− 0.328	− 0.328	− 0.3		− 0.37
$i=8$	上限	0.464	0.464	0.41		0.59
	下限	− 0.274	− 0.274	− 0.25		− 0.33
$i=9$	上限	0.42	0.42	0.42		0.42
	下限	− 0.22	− 0.22	− 0.22		− 0.22
$i=10$	上限	0.41	0.41	0.41		0.41
	下限	− 0.22	− 0.22	− 0.22		− 0.22

大波动风过程的误差分位点如表 5 – 10 所示。

表 5 – 10　　　　　　　　　　大波动风过程的误差分位点

i 取值		$i=1$	$i=2$	$i=3$
误差分位点	上限	0.18	0.33	0.09
	下限	− 0.19	− 0.47	− 0.19

至此，区间预测模型建立完成，在实际应用时只须引入 NWP 风速和预测功率，根据式（5-42）和式（5-43）便能得出预测区间。以测试数据为例，根据表 5-9 和表 5-10 所确定的误差分位点，结合式（5-42）、式（5-43）便能得出置信度等于 95% 的预测区间。各特性因子下的估计模型检验结果如表 5-11 和表 5-12 所示。

表 5-11　　　　　　　估 计 模 型 检 验 结 果

i 取值	v_1	v_2	v_3	v_4	v_5
$i=1$	0.03	0.04	0.03		0.00
$i=2$	0.04	0.03	0.04		0.00
$i=3$	0.04	0.04	0.04		0.00
$i=4$	0.00	0.05	0.04		0.03
$i=5$		0.03	0.03		0.00
$i=6$		0.00	0.02		0.00
$i=7$			0.02		0.00
$i=8$			0.02		0.00
$i=9$			0.04		
$i=10$			0.05		

表 5-12　　　　　大波动风过程估计模型检验结果

i 取值	$i=1$	$i=2$	$i=3$
$1-\alpha$	0.074 1	0.044 8	0

从表 5-11 能够看出，C_{41} 特性因子下的模型不能满足检验条件，分析其实际情况发现，其中包含有一个极端误差情况，采用扩大估计区间方式来满足检验条件的方式不可取。对于此种情况，应该通过专门的极限误差识别方法来进行估计。风电场发电功率区间预测结果如图 5-6 所示。

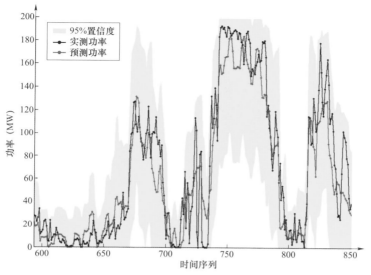

图 5-6 风电场发电功率区间预测结果

5.3 区域风力发电功率区间预测方法

区域风电功率区间预测是一种预测未来具体时刻下区域总功率在不同置信度下可能分布范围的技术。由于风电功率区间预测结果不能简单加和，因而风电功率区间预测针对单场和区域时的技术路线存在差异，区域区间概率一般通过考虑单场区间预测结果的空间相关性获得。由于风是连续性的空气流动，当风掠过空间上散布的不同风电场时，各个风电场的功率输出之间将在时间和空间上呈现关联特性。可见，区域多风电场功率波动受诸多因素影响。想要完备地考虑这些因素的影响，需建立一个精细的物理模型，从而准确模拟其关联特性，受目前技术发展水平制约，准确的物理过程模拟难度极大。

如果采用数据驱动的统计方法进行研究，在尚未完全认清物理机理的前提下，也可以从建立的预测模型中得到符合要求的预测结果。应用这种方法，可以从数据本身出发，研究区域多风电功率数据的统计特性，总结出相关分布的统计模型，用大量的数据细化和改进模型，使得模型不断地契合数据特征。

传统的相关特性分析以线性相关系数作为工具，一方面难以描述风电功率中非线性的相关特性，另一方面，相关系数仅能度量相关程度的大小，无法描述相关结构（形状），更重要的是无法满足多元联合分布的建模需求。为构建满足区域多风电场特征的多元分布模型，采用 Copula 理论可以得到较好的建模效果。

5.3.1　区域多风电场相关特性

以某省 28 个风电场的发电功率数据为例，分析数据中反映出的时空相关特性情况。数据的时间范围是 2014 年 5 月 5 日到 2016 年 3 月 24 日，时间分辨率为 15min。考虑到数据维度较大，难以实现清晰的数据展示，为便于分析计算，故将某省 28 个风电场根据各自的经纬度按照 K - 均值算法聚类为 5 个风电场群，依次命名为 WF1～WF5，具体地理位置及风电场群划分如图 5 - 7 所示，图中横轴为经度，纵轴为纬度。各风电场群的总装机容量如表 5 - 13 所示。提取 5 个风电场群实际功率输出的时间序列以及预测误差的时间序列，其中预测误差由风电场群中各个风电场的确定性预测值求和后与实际值作差得到，确定性预测结果基于神经网络预测模型获得。

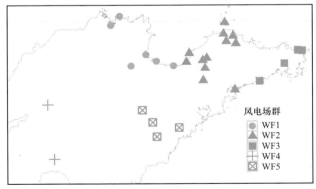

图 5 - 7　某省 28 个风电场的地理位置及风电场群划分

表 5 - 13　　　　　　　　某省 5 个风电场群的总装机容量

区域风电场群	WF1	WF2	WF3	WF4	WF5
装机容量（MW）	517.71	751.15	349.14	192.3	313.28

在描述数据的线性相关特性时，需要用到 Pearson 线性相关系数。随机变量 X 和 Y 的 Pearson 相关系数 $r_{X,Y}$ 为

$$r_{X,Y} = \frac{Cov(X,Y)}{\sqrt{\sigma_X^2 \sigma_Y^2}} = \frac{E[XY] - E[X]E[Y]}{\sqrt{\sigma_X^2 \sigma_Y^2}} \qquad (5-53)$$

式中　$E[X]$、$E[Y]$、$E[XY]$ ——X、Y、XY 的有限期望；

　　　σ_X^2、σ_Y^2 ——X、Y 的有限方差；

　　　$Cov(X,Y)$ ——X、Y 的协方差，$Cov(X,Y) = E\{[X-E(X)][Y-E(Y)]\}$。

若已知从随机向量 (X,Y) 中采集 n 对样本 (x_i, y_i)，$i = 1, \cdots, n$，则样本 Pearson 相关系数作为 $r_{X,Y}$ 的估计值计算式为

$$\hat{r}_{X,Y} = \sum_{i=1}^{n}(x_i - \bar{x})(y_i - \bar{y}) \Big/ \sqrt{\sum_{i=1}^{n}(x_i - \bar{x})^2 \sum_{i=1}^{n}(y_i - \bar{y})^2} \qquad (5-54)$$

式中　$\bar{x}$、$\bar{y}$ ——样本均值。

虽然 Pearson 相关系数难以描述非线性的相关关系，但在此处用于分析区域风电场数据变量间是否存在相关关系已经足够。

5 个风电场群的实际功率和预测误差共有 10 个时间序列，分别对应 10 个随机变量，依据式（5-54）即可计算出它们两两之间的相关性系数，进而得到相关系数矩阵，如图 5-8 所示，其中 $P_1 \sim P_5$ 对应各风电场群的实

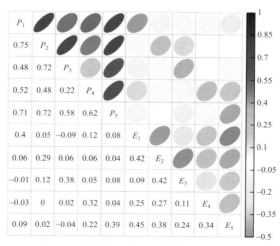

图 5-8　5 个风电场群的实际功率及预测误差的相关系数矩阵

际功率，$E_1 \sim E_5$ 对应各风电场群的预测误差，矩阵下三角的数值为相关系数，上三角绘制的椭圆的形状和颜色映射了相关系数的数值大小，而椭圆所处的主副对角线方向分别对应了相关系数的正负，便于观察分析。

可以发现邻近的风电场群之间的相关程度更高，例如相邻的风电场群 1 和 2，以及 2 和 3 之间相关程度高，而并不邻近的 1 和 3 之间则明显较低。这一特点在实际功率以及预测误差两种情形下表现一致。根据上述分析，在风电的多元分布建模时需谨慎采用风电功率相互独立的假设。虽然独立假设可以明显降低建模复杂度，但拟合效果却与实际相悖，所得的计算结果也会误导决策。

为研究风电场间功率的相关性与风电场间空间距离的关系，以前述的 28 个风电场为例，分别计算两两风电场间的预测误差相关系数和两两风电场之间的空间距离，其中，场间距离从 8.62km 到 566.37km 不等。绘制风电场间预测误差的相关系数 r 相对于空间距离 D 的散点图，得到预测误差的相关系数与风电场距离的关系，如图 5−9 所示。

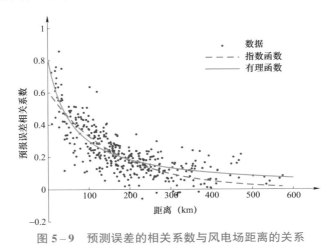

图 5−9　预测误差的相关系数与风电场距离的关系

由图 5−9 可见，空间距离在 100km 以内相关程度下降迅速，当距离超过 300km 之后相关程度已很低，且随距离增加，变化缓慢，散点整体呈指数函数 $r = a \bullet e^{(-b \cdot D)}$ 或有理函数 $r = a/(D+b)$ 的形式分布，其中，a 和 b 为待估参数。式（5−55）和式（5−56）分别给出了图 5−9 所示的指数函数和有理函数的曲线拟合结果。两种函数拟合的均方根误差分别为 0.091 5

和 0.089 6，有理函数的拟合效果相对更优。

$$r = 0.611\,7 \times e^{(-0.006\,1D)} \tag{5-55}$$

$$r = \frac{47.66}{D + 58.6} \tag{5-56}$$

可以得出结论，距离对相关性确有影响，相关度和距离的函数关系因地而异，但整体趋势大致相似。

在时间上，风电时间序列也存在着明显的相关性。自相关系数反映了时间序列在时间上的相关关系，样本自相关系数 $\hat{r}_X(k)$ 的计算公式为

$$\hat{r}_X(k) = \frac{1}{(n-k)\sigma_x^2} \sum_{i=1}^{n-k} (x_i - \bar{x})(x_{i+k} - \bar{x}) \tag{5-57}$$

式中　σ_x——标准差；

　　$\bar{x}$——x 的均值；

　　k——时间间隔，此处设定为 1～24h。

图 5-10 分别绘制了 5 个风电场群实际功率序列以及预测误差序列的自相关函数图，5 个风电场群分别用 WF1～WF5 标注。可发现，风电功率的自相关系数在 4h 内数值均高于 0.8，预测误差序列的自相关度降低速度明显高于实际功率序列的自相关度降低速度。

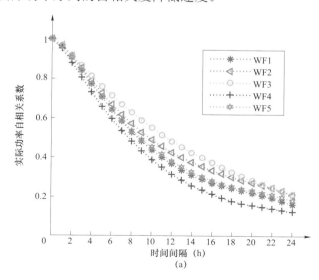

(a)

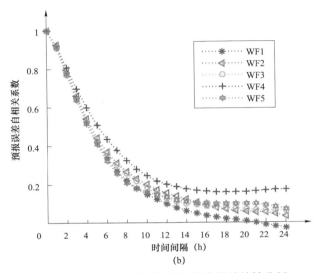

图 5-10　风电场群时间序列的自相关特性分析

（a）实际功率序列的自相关函数图；（b）预测误差序列的自相关函数图

区域内各风电场群之间不同时间间隔下实际功率和预测误差相关性的进一步考虑需要计算两组时间序列之间的互相关系数。设 x、y 分别对应两个不同风电场群的时间序列，则互相关系数 $\hat{r}_{XY}(k)$ 为

$$\hat{r}_{XY}(k) = \frac{1}{(n-k)\sigma_x\sigma_y}\sum_{i=1}^{n-k}(x_i - \bar{x})(y_{i+k} - \bar{y}) \qquad (5-58)$$

图 5-11 以 WF1 为例，给出了 WF1 与其他各风电场群时间序列的互相关特性分析结果。相关度最高的时间间隔一定程度上反映了风能在给定距离的风电场间传播的速度，上风向的风电场在某时刻的功率情况与下风向的风电场未来某时刻的功率具有一定的关联性。例如在西风为主时，WF1 的功率对 2h 后 WF2 和 WF5 的功率具有高于 0.7 的相关度。另外，对于风向呈现季节性规律变化的风电场，根据不同风向划分数据，再分析互相关特性，有利于挖掘更多有效的预测信息，可用于优化预测效果。

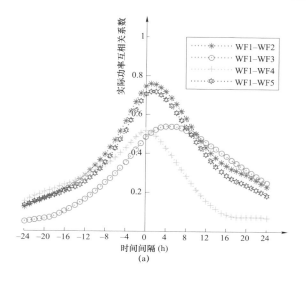

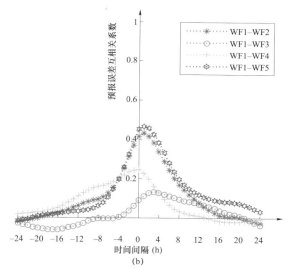

图 5-11　WF1 与其他各风电场群时间序列的互相关特性分析结果

(a) 实际功率的互相关函数图；(b) 预测误差的互相关函数图

5.3.2　区域风力发电功率相关性考虑方法

5.3.2.1　相关系数缺陷

图 5-12 给出了三对随机变量 (X_i, Y_i)，$i=1$，2，3，经过抽样绘制的散点图和 3D 直方图，三组结果图像如图 5-12 所示。为避免不同边缘分布

带来的影响，各随机变量统一服从均匀分布 $U(0,1)$。尽管三组数据计算出的 Pearson 相关系数均为 0.88，但通过观察图像可以发现，相关结构存在明显的差异，左侧一组呈现头高尾低的相关结构，中间一组呈现尾高头低的相关结构，而最右侧的一组呈现出首尾对称的相关结构。由此说明，相关系数仅能描述随机变量间的相关程度大小，不能给出具体的相关结构，而不同的相关结构展现出的差异性较大，直接影响多元联合分布的建模精度，进而对随机变量函数分布（例如变量之和的分布）的求解有着明显影响。

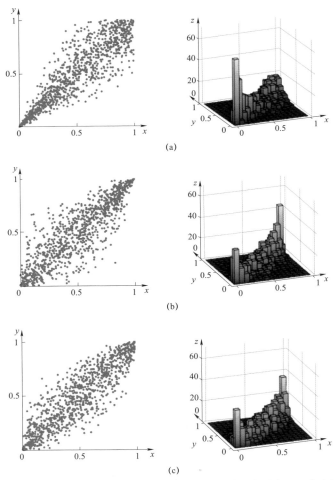

图 5－12　三组不同相关结构的二元随机向量散点图和 3D 直方图

（a）(X_1, Y_1) 的散点图和直方图；（b）(X_2, Y_2) 的散点图和直方图；（c）(X_3, Y_3) 的散点图和直方图

除了上述问题外，Pearson 相关系数作为相关性测度还存在以下缺陷。

（1）根据式（5－53），随机变量 X 和 Y 的均值和方差必须有限，否则 Pearson 相关系数不存在。

（2）Pearson 相关系数在随机变量进行严格递增的非线性变换时并不能保持不变。

（3）Pearson 相关系数的取值与边缘分布的情况并不解耦，即在相同的相关结构下随机变量不同的边缘分布计算出的 Pearson 相关系数并不相同。

秩相关系数（如 Spearman 相关系数和 Kendall 相关系数）作为相关性测度可以弥补 Pearson 线性相关系数的部分缺陷。

秩（ranking）：对于样本 $X_1,\cdots,X_i,\cdots,X_n$，如果 X_i 是第 R_i 个最小的，即第 R_i 个顺序统计量，则称 R_i 是 X_i 的秩，显然，R_i 满足 $R_i = \sum_{j=1}^{n} \xi\left(X_j \leqslant X_i\right)$，其中 $\xi(\bullet)$ 为示性函数（indicator function），其取值在满足括号内表达式时为 1，反之为 0。

基于秩的定义，给出 Spearman 相关系数的定义。Spearman 相关系数：设随机变量 X 和 Y 的累积分布函数分别为 F_X 和 F_Y，则 $\rho_{X,Y} = r\left(F_X\left(X\right), F_Y\left(Y\right)\right)$，其中 r 对应式（5－57）中的 Pearson 相关系数公式。

由于 Spearman 相关系数的计算对象是随机变量的秩，当两个随机变量 X、Y 是函数相关 $Y=f(X)$，即使该函数 f 不是线性函数，其取值也可以为 ± 1，而 Pearson 相关系数只有 f 是线性函数的时候取值才可以为 ± 1。另外，对于非有限期望或方差的分布，Spearman 相关系数也可以衡量，Pearson 相关系数却无法做到。

还存在另一种秩相关系数——Kendall 相关系数。Kendall 相关系数：设 (X_1, Y_1) 和 (X_2, Y_2) 是满足联合分布为 F、边缘分布分别为 F_X 和 F_Y 的两个随机变量，其 Kendall 秩相关系数计算如式（5－59）所示，其中 $Pr[]$ 表示计算[]内的概率。

$$\tau_{X,Y} = Pr\left[\left(X_1 - X_2\right)\left(Y_1 - Y_2\right) > 0\right] - Pr\left[\left(X_1 - X_2\right)\left(Y_1 - Y_2\right) < 0\right] \quad (5-59)$$

同样的，Kendall 相关系数也不是直接对随机变量的取值大小进行计算的相关系数，它也可以保持非线性增函数变化下相关性的一致，同样可以描述非线性的相关关系大小。

  然而，上述两种秩相关系数也只能描述相关程度的强弱，并不能描述图 5-12 的相关结构状况。而 Copula 函数则能以参数化的分布函数形式描述出各种非线性的相关结构。此外，由于 Copula 理论实现了多元分布中边缘分布和相关结构的独立建模，采用 Copula 函数描述相关结构时可以不受边缘分布变化的影响，实现了边缘分布和相关结构的解耦。因此，应用 Copula 函数可以弥补相关系数描述相关性特征的不足。

  在多元统计分析中，多元分布给出了多元随机变量最完整的分布信息，是研究多元随机变量统计特征的重要工具，而 Copula 理论的引入也使得多元分布的建模更加方便。传统的多元分布模型，例如多元正态分布要求各随机变量的边缘分布和相关结构均满足正态分布，这一假设条件过于严格，在实际情况下往往难以满足。尤其在研究风电数据时，一方面其复杂的相关结构难以满足正态分布假设，另一方面，许多风电变量的边缘分布并不规则，也难以满足正态分布假设，需要采用 Beta、Gamma 等参数分布或者一些非参数分布的方法才能准确拟合。若直接采用多元正态分布来拟合，将引入很大的模型拟合误差。然而，Copula 理论由于解耦了边缘分布和相关结构的建模过程，使得多元分布的建模更加灵活、准确，因此，Copula 理论被广泛应用于多元分布建模领域。

5.3.2.2 适用于复杂高维分布建模的藤结构 Copula 理论

  从各种特征多样的 Copula 函数可以发现不同的 Copula 函数在描述相关结构上的差异明显，但是椭圆 Copula 函数和阿基米德 Copula 函数在高维相关结构的拟合时均只能采用一种 Copula 函数拟合，而在实际应用中，尤其是高维风电数据，其复杂的相关结构往往是多种相关结构的组合，仅服从单一 Copula 函数的假设难以满足。藤结构 Copula（vine copula），又称二元 Copula 结构（pair copula construction, PCC），为这一问题提供了解决方法。该理论的基本思路是通过图形工具——藤（vine），将高维的相关结构拆分为多个二元相关结构的条件嵌套的组合，对每一个二元相关结构筛选拟合精度最好的二元 Copula 函数进行拟合，这样就可以充分利用各种二元 Copula 函数，灵活、精确地实现高维分布建模。

（1）藤及规则藤结构。藤最早是由 Cooke Bedford 提出的一种图形模型。d 个变量的藤 $\boldsymbol{V}$ 是一系列嵌套的树（tree）的集合 $\boldsymbol{V}=\{T_1,\cdots,T_{d-1}\}$，其中树 T_j 的边（edge）是 T_{j+1} 的节点（node），$j=1,\cdots,d-2$。规则藤（regular vine，R-vine）是藤结构中的一类特例，也是用来构建藤结构 Copula 的主要工具。它要求在藤 $\boldsymbol{V}$ 的基础上，树 T_j 中被 T_{j+1} 上的某个边连接在一起的两个边有且仅有一个公共的节点。规则藤 $\boldsymbol{V}$ 是 d 个元素的规则藤，它的边的集合表示为 $\boldsymbol{E}(\boldsymbol{V})=\boldsymbol{E}_1\cup\cdots\cup\boldsymbol{E}_i\cup\cdots\cup\boldsymbol{E}_{d-1}$，$i=1,\cdots,d-1$，其中 $\boldsymbol{E}_i$ 代表第 i 棵树 T_i 的边的集合。规则藤需要满足以下三个条件，当仅满足前两个条件时就是藤的定义。

1）$\boldsymbol{V}=\{T_1,\cdots,T_{d-1}\}$，即 $d-1$ 个树构成的集合。

2）T_1 的节点集合为 $\boldsymbol{N}_1=\{1,\cdots,d\}$,边集合为 $\boldsymbol{E}_1$；而对于 $i=2,\cdots,d-1$，T_i 的节点集合为 $\boldsymbol{N}_i$，边集合为 $\boldsymbol{E}_i$，需要满足条件 $\boldsymbol{N}_i=\boldsymbol{E}_{i-1}$。

3）对于 $i=2,\cdots,d-1$，$\{a,\ b\}\in\boldsymbol{E}_i$，$\#(a\Delta b)=2$，其中 Δ 表示计算集合的对等差分,$\#$ 表示计算集合的势（cardinality）。

维度为 d 的规则藤 $\boldsymbol{V}$ 由 $d-1$ 棵树 $\{T_1,\cdots,T_{d-1}\}$ 构成，其节点集合为 $\{\boldsymbol{N}_1,\cdots,\boldsymbol{N}_{d-1}\}$，其中集合 $\boldsymbol{N}_1=\{1,\cdots,d\}$，在相关性建模中对应初始的 d 个随机变量的编号。$\boldsymbol{V}$ 的边集合表示为 $\{\boldsymbol{E}_1,\cdots,\boldsymbol{E}_{d-1}\}$，树 T_i 的边集合 $\boldsymbol{E}_i$ 中的一个边 e 可以表示为 $e=j(e),k(e)\mid D(e)$ 的形式，其中 $\{j(e),k(e),\ j(e)\neq k(e)\}$ 称为受约束集合，而 $D(e)$ 称为约束集合，这两个集合中的元素由 $\{1,\cdots,d\}$ 构成。根据邻近原则,e 由 $\boldsymbol{E}_{i-1}$ 中对应的两个边 $a=j(a),k(a)\mid D(a)$，$b=j(b),k(b)\mid D(b)$ 决定，a 和 b 在 T_{i-1} 中有一个公共的节点，则三个边的关系就表述成了如下两个关系

$$D(e)=U(a)\bigcap U(b) \tag{5-60}$$

$$\{j(e),k(e)\}=U(a)\bigcup U(b)\setminus D(e) \tag{5-61}$$

其中，$U(e\cdot)=\{j(e\cdot),k(e\cdot),D(e\cdot)\}$ 表示 e 所含元素的全集，囊括了约束集合和受约束集合中的所有元素。此外，对于 $\boldsymbol{E}_1$ 中的边来说，其形式为 $e=\{j(e),k(e)\}$，因为此时的约束集合 $D(e)$ 是空集。根据上述规则，图 5-13 给出了一个 7 维的规则藤结构示例。

（2）规则藤 Copula 函数。规则藤确定了高维变量的分解规则，根据规

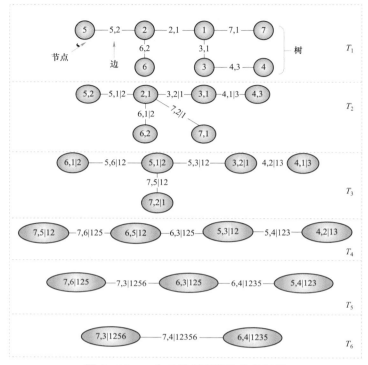

图 5-13　一个 7 维规则藤结构的示例

则藤的边的标注将成对的变量或条件变量组合在一起，就形成了规则藤 Copula 函数（R-vine copula），结合边缘分布就可以构建高维变量的联合分布函数。

给定任意一个 d 维规则藤 V，其边的集合为 $\{E_1,\cdots,E_{d-1}\}$，为 V 的每一个边 e 分配一个二元 Copula 函数 $C_{j(e),k(e)\mid D(e)}$。设 d 维随机向量 $\boldsymbol{X}=(X_1,X_2,\cdots,X_d)$，令 $\boldsymbol{X}_{D(e)}$ 表示约束集合 $\boldsymbol{D}(e)$ 中的元素标注的 $\boldsymbol{X}$ 的子集，$X_{j(e)}$ 和 $X_{k(e)}$ 则表示由受约束集合 $\{j(e),k(e)\}$ 标注的变量。随机向量 $\boldsymbol{X}$ 的联合概率密度函数则被 V 规定的规则藤 Copula 函数 $c_V=\prod\limits_{i=1}^{d-1}\prod\limits_{e\in E_i}c_{j(e),k(e)\mid D(e)}$ 和边缘分布 $f_k(x),k=1,\cdots,d$ 唯一确定，如式（5-62）所示。

$$f(x_1,\ldots,x_d)=\prod_{k=1}^{d}f_k(x_k)\cdot\prod_{i=1}^{d-1}\prod_{e\in E_i}c_{j(e),k(e)\mid D(e)}\left(F(x_{j(e)}\mid\boldsymbol{x}_{D(e)}),F(x_{k(e)}\mid\boldsymbol{x}_{D(e)})\right)\quad（5-62）$$

式（5-62）中的条件分布函数可以由上一层树的对应二元 Copula 函数求偏导得到。以边 $e=j(e),k(e)|D(e)$ 为例，它对应的上一层树上的两个边是 $a=j(a),k(a)|D(a),b=j(b),k(b)|D(b)$。设 $j(a)=j(e)$，则根据式（5-60）和式（5-61）的关系，$D(e)=D(a)\cup k(a)$。经过式（5-62）的推导，可得到条件变量在树与树之间的迭代公式，为简化表述，习惯记作 h 函数。$F\left(x_{k(e)}|x_{D(e)}\right)$ 与式（5-63）计算的条件分布函数 $F\left(x_{j(e)}|x_{D(e)}\right)$ 方法类似，这一函数在构建规则藤 Copula 函数以及从给定 R-vine Copula 函数模型中生成抽样数据均有重要作用。各种二元 Copula 函数对应的 h 函数的解析表达式也可以方便地通过求偏导得到。特殊的，当 $\boldsymbol{D}(a)$ 和 $\boldsymbol{D}(b)$ 为空集时，即 a 和 b 为第一棵树中的边时，此时使用的变量为原始随机变量经过边缘分布转化后的服从均匀分布的变量。

$$
\begin{aligned}
F\left(x_{j(e)}\middle|\boldsymbol{x}_{D(e)}\right) &= F\left(x_{j(a)}\middle|\boldsymbol{x}_{D(a)\cup k(a)}\right) \\
&= \frac{\partial C_{j(a),k(a)|D(a)}\left(F\left(x_{j(a)}\middle|\boldsymbol{x}_{D(a)}\right),F\left(x_{k(a)}\middle|\boldsymbol{x}_{D(a)}\right)\right)}{\partial F\left(x_{k(a)}\middle|\boldsymbol{x}_{D(a)}\right)} \\
&:= h\left(F\left(x_{j(a)}\middle|\boldsymbol{x}_{D(a)}\right),F\left(x_{k(a)}\middle|\boldsymbol{x}_{D(a)}\right)\right)
\end{aligned}
\tag{5-63}
$$

对于一个 d 维的随机向量来说，满足条件的规则藤结构数量如式（5-64）所示，当 $d=3$ 时，有 3 种结构，但当 $d=10$ 时，满足条件的规则藤结构就已经高达 $4.870\,5\times10^{14}$ 种，可见随着维度的增长，规则藤结构的数量增长速度非常快，如何在高维度的场景下高效率地选择合适的规则藤结构是进行规则藤 Copula 函数建模需要解决的一个问题。

$$
C_d^2\times(d-2)!\times2^{(d-2)(d-3)/2}
\tag{5-64}
$$

在规则藤结构中存在两个特例，即 D 藤（drawable vine，D-vine）和 C 藤（canonical vine，C-vine），也是研究较多的藤结构类型，它们可以直接采用随机变量编号标注结构，而不用通过集合的方式抽象地标注。当然，由于是特例，所以这两种藤结构需要在规则藤结构的基础上分别满足各自的构建规则，这也一定程度上限制了 D 藤和 C 藤的灵活性，使得可选的藤结构减少。

D 藤：规则藤 V 中的每一个节点的度（degree）最多为 2。

C 藤：规则藤 V 中任意一棵树 T_i 有一个唯一的度为 $d-i$ 的节点，且这个节点叫做根节点。

$\{1,\cdots,d\}$ 为 d 维随机变量的各个维度变量的标签，C 藤和 D 藤确定的联合分布的密度函数分别表示为式（5-65）和式（5-66），其中，j 对应各个树的编号，i 对应每棵树上边的编号。图 5-14 和图 5-15 分别给出了 5 维情况下 C 藤和 D 藤的结构示例，在 C 藤结构中每棵树上深色的节点就是根节点。

$$f(x_1,\cdots,x_d)=\prod_{k=1}^{d}f_k(x_k)\times$$
$$\prod_{j=1}^{d-1}\prod_{i=1}^{d-j}c_{i,i+j|1,\cdots,j-1}\left(F\left(x_i\big|x_1,\cdots,x_{j-1}\right),F\left(x_{i+j}\big|x_1,\cdots,x_{j-1}\right)\right)$$

$$（5-65）$$

$$f(x_1,\cdots,x_d)=\prod_{k=1}^{d}f_k(x_k)\times$$
$$\prod_{j=1}^{d-1}\prod_{i=1}^{d-j}c_{i,i+j|i+1,\cdots,i+j-1}\left(F\left(x_i\big|x_{i+1},\cdots,x_{i+j-1}\right),F\left(x_{i+j}\big|x_{i+1},\cdots,x_{i+j-1}\right)\right)$$

$$（5-66）$$

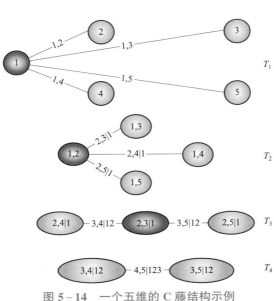

图 5-14　一个五维的 C 藤结构示例

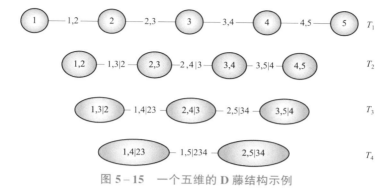

图5-15　一个五维的 **D** 藤结构示例

5.3.2.3　预测误差边缘分布估计

功率预测误差多呈现[-1,1]上的对称分布,分布的边界效应不明显,因此并不需要对数变换。图 5-16 给出了某风电场的功率预测误差分布拟合情况。其分布具有较高的峰值,相对于正态分布更加集中,其中图 5-16（a）为概率密度函数的拟合情况,图 5-16（b）为累积分布函数的拟合情况,其中核密度分布（KDE）与经验累积分布（eCDF）几乎重合,而正态分布存在一定程度的偏差。Q-Q 图（quantile-quantile plot, Q-Q plot）绘制了样本数据分位数与拟合分布的分位数对比的散点图,可以直观分辨分布的拟合效果。当散点分布在中间 45° 的直线上时,拟合精度较好。图 5-16（c）和图 5-16（d）分别提供了核密度估计和正态分布估计下的 Q-Q 图,证实了核密度估计方法对于误差分布的良好拟合效果。

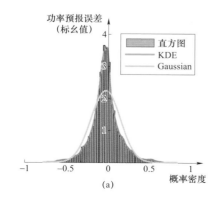

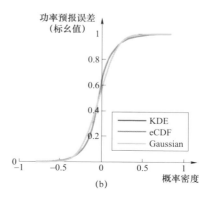

137

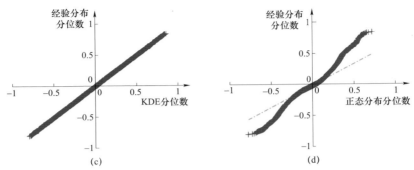

图 5－16　某风电场的功率预测误差分布拟合情况

（a）概率密度函数拟合；（b）累积分布函数拟合；（c）KDE 拟合分布的 Q–Q 图；（d）高斯分布的 Q–Q 图

采用上述方法，可以得到多风电场随机向量 X 的各边缘累积分布函数 $\hat{F}_1,\cdots,\hat{F}_d$，如果 $\hat{F}_1,\cdots,\hat{F}_d$ 足够准确，则根据积分变换定理可知，$U_i=\hat{F}_i(X_i),i=1,\cdots,d$ 满足 $[0,1]$ 区间上的均匀分布。由于 $\hat{F}_1,\cdots,\hat{F}_d$ 均是单调递增函数，随机向量 $U=(U_1,\cdots,U_d)$ 的相关结构和 X 保持一致，可以采用相同的 Copula 函数进行描述。而直接对 U 进行相关结构建模，可以避免边缘分布的影响，实现了相关结构和边缘分布的解耦。

5.3.2.4　相关结构建模方法

在进行规则藤 Copula 的相关结构建模时，有两个关键问题需要解决：

（1）如何确定合理的规则藤结构。规则藤结构确定了每棵树中所有边的约束集和受约束集的配置 $\{j,k|D\}$。

（2）针对每一个边的两个变量（变量对）如何选择合理的二元 Copula 函数进行拟合并估计其参数。

以顺序法建模为基础构建模型。顺序法建模是对逐棵树进行计算和拟合，且对相关程度大的变量优先建模，是逐棵树进行优化的启发式算法。尽管这种方法难以保证全局最优解，但是对于极其繁杂的计算问题，在有限的计算资源下，具有实用价值。

（1）规则藤结构的优化。对于高维建模的问题，满足条件的规则藤结构非常多，仅 10 维的问题就有高达 4.8705×10^{14} 种不同的规则藤结构。显然，采用穷举法获取全局最优结果的计算代价难以承受。逐棵树的独立优化可以显著降低计算复杂度，并获得良好的拟合精度。该方法与贪心算法思路相同，逐棵树将相关度最大的变量优先拟合，避免了穷举各种结构的繁琐。同时，由于相关度大的变量被优先拟合，后面树的变量相关程度将会降低，通过此方法构建的规则藤结构，仅前几棵树变量间相关程度很大，而后面大部分树的变量趋于独立。图 5–17 给出了采用逐棵树独立优化的 20 维藤结构的各树相关系数图。可以发现，仅第一棵树（T1）中变量间相关程度大，而后面 T2～T19 大部分树的变量间相关程度很低。而在相关程度低的情况下，不同的藤结构对整体拟合效果影响差异不明显，此时通过逐棵树独立优化得到的局部最优解与穷举法得到的全局最优解差异不大。

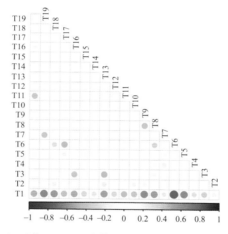

图 5–17　规则藤 Copula 的藤结构各边 Kendall 秩相关系数图

在逐棵树优化藤结构时，先要计算各变量间的经验 Kendall 秩相关系数，以相关系数之和最大为优化目标，采用最大生成树算法选择出该棵树的最优结构，保证每棵树都是优先将相关程度最大的变量进行建模估计。这种高相关变量优先建模的规则藤结构筛选方法，相较于 C 藤和 D 藤在拟合效果上更具优势。原因是 C 藤和 D 藤仅采用人为规定的编号规则构建藤结构，不能达到优先对高相关变量进行建模的目的。

（2）二元 Copula 函数的筛选和参数估计。在确定藤结构的同时，需为每个边对应的变量进行二元 Copula 函数的筛选和参数估计。根据不同特征的二元 Copula 函数进行选取估计。其中，选用的首尾对称 Copula 函数包括 Gaussian Copula，t Copula，Frank Copula，首尾非对称 Copula 函数包括

Joe Copula，Gumbel Copula 和 Clayton Copula，以及这三种 Copula 函数的旋转 90°、180° 和 270° 的形式。对于相互独立的变量，采用独立 Copula，即两个变量的乘积，此时无需估计任何参数。

实际上，给定一对随机变量的样本，二元 Copula 函数的筛选和参数估计同时进行。根据样本进行最大似然估计可以得到 Copula 函数的最优参数估计，在不同二元 Copula 函数的最大似然值之间进行比较，选择参数值最高的二元 Copula 函数作为最优二元 Copula 函数。由于规则藤结构需要估计的二元 Copula 函数数目巨大，模型的复杂程度也是考虑的因素之一，因此，选择赤池准则（Akaike information criterion，AIC）代替最大似然值作为模型拟合效果的衡量标准，它是在对数似然值的基础上增加了对参数个数 k 的修正，在考虑拟合精度的同时倾向于选择参数较少的二元 Copula 函数，以降低拟合的复杂程度，它的数值越高代表拟合效果越好。最大似然值 A_{IC} 表达式为

$$A_{IC} = -2L(\boldsymbol{\theta}|\boldsymbol{u}) + 2k \qquad (5-67)$$

式中　L——对数似然函数；

　　　$\boldsymbol{\theta}$——参数集合；

　　　$\boldsymbol{u}$——样本数据；

　　　k——参数个数。

由于二元 Copula 函数的选取过程需要估计每一个备选的二元 Copula 函数，这不可避免地带来了巨大的计算量。然而，由于采用了逐棵树的独立优化法，在后面的大部分树中，近似独立的变量非常多。因此，在筛选时，首先对变量之间进行独立检验。如果变量对在给定显著程度下满足独立假设，则直接采用独立 Copula 函数，不再进行 Copula 函数的筛选和参数估计，大大减少了计算量。

独立检验采用基于经验 Kendall 秩相关系数 $\hat{\tau}$ 的假设检验，原假设 H_0 为两变量独立，即 $\tau=0$。在给定显著程度 α 下，当统计量 T 满足式（5-68）时，拒绝原假设，其中 Φ^{-1} 为标准正态累积分布函数的反函数，n 为样本数量。当不能拒绝原假设时，则直接采用独立 Copula 函数。

$$T = \sqrt{\frac{9n(n-1)}{2(2n+5)}}|\hat{\tau}| > \Phi^{-1}(1-\alpha/2) \qquad (5-68)$$

图 5-18 给出了部分风电场功率序列二元相关结构和拟合情况的散点图。其中，图 5-18（a）～图 5-18（c）给出的是风电预测功率间的二元相关结构拟合情况。图 5-18（a）中展现出了明显的高尾部相关特性，图 5-18（b）则给出了这种情况下模型筛选后最优的 Joe Copula 函数的拟合效果。由于在高维的 Gaussian Copula 模型中，所有的相关结构都采用首尾对称的 Gaussian Copula 函数拟合，因此图 5-18（c）给出了该函数的拟

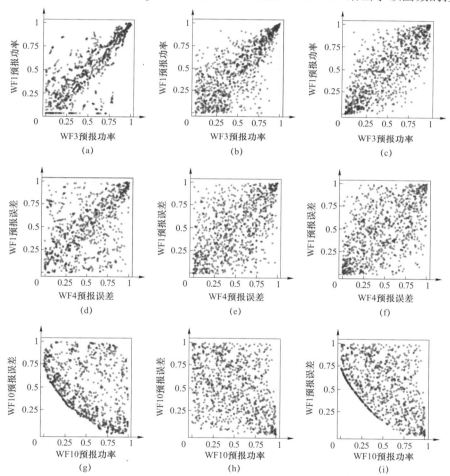

图 5-18　部分风电场功率序列二元相关结构散点图及二元 Copula 函数拟合散点图

（a）实际数据；（b）Joe Copula，$A_{\text{IC}} = -1029.84$；（c）Gaussian Copula，$A_{\text{IC}} = -767.07$；（d）实际数据；
（e）Gumbel Copula，$A_{\text{IC}} = -338.74$；（f）Gaussian Copula，$A_{\text{IC}} = -276.05$；（g）实际数据；
（h）r90Clayton Copula，$A_{\text{IC}} = -138.25$；（i）删掉超范围数据的 r90Clayton Copula

合效果，进行对比。散点图和计算的 A_{IC} 的值都说明 Joe Copula 拟合效果更好。而图 5-18（d）~图 5-18（f）给出的是两个风电场预测误差之间的二元相关结构拟合情况。图 5-18（d）为实际数据结果，有着高尾部相关性的结构，图 5-18（e）和图 5-18（f）分别给出了优选过的 Gumbel Copula 和用作对比的 Gaussian Copula 函数的拟合情况，同样，图 5-18（f）的表现不如图 5-18（e）。最后，图 5-18（g）~图 5-18（i）给出了预测误差和预测功率之间的相关结构，旋转 90° 后的 Clayton Copula 函数是这组样本数据下的最佳拟合函数，由于在特定预测功率下的预测误差具有边界效应（实际功率=预测功率+预测误差，而实际功率是介于 0 和装机容量之间的有界变量），因此，图 5-18（i）给出了修正超范围点后的数据结果。

（3）R-vine Copula 模型的顺序法建模流程。规则藤 Copula 顺序法的算法总结如下：

算法流程：R-vine Copulas 的顺序法建模

输入：d 维随机向量 $\boldsymbol{X}=(x_1,\cdots,x_d)$ 的样本数据 $(x_{n1},\cdots,x_{nd})$，$n=1,\cdots,N$（样本数据数量）

输出：R-vine Copula 模型

1）根据拟合的边缘分布函数 $\hat{F}_i$，$i=1,\cdots,d$ 得到 $\boldsymbol{U}=\left\{\hat{F}_1(x_1),\cdots,\hat{F}_d(x_d)\right\}$。

2）对 $\boldsymbol{U}=(u_1,\cdots,u_d)$ 中所有可能的变量对 $\left\{j,k\,|\,1\leqslant j\neq k\leqslant d\right\}$，计算经验 Kendall 秩相关系数 $\left\{\hat{\tau}_{j,k}\right\}$。

3）根据 $\max\sum\left|\hat{\tau}_{j,k}\right|$，$e=\{j,k\}$ 的原则，采用最大生成树算法，得到第一棵树的生成树结构。

4）为生成树中的每个边选择一个最佳的二元 Copula 函数 $\hat{C}_{j,k}$，并采用最大似然估计的方法估计参数。根据 h 函数和 $\hat{C}_{j,k}$ 计算条件变量 $\hat{F}_{j|k}\left(u_{nj}|u_{nk}\right)$，$\hat{F}_{k|j}\left(u_{nk}|u_{nj}\right)$，$n=1,\cdots,N$，以用于下一棵树的模型估计。

5）for $i=2,\cdots,d-1$。

a）对第 i 棵树的所有满足规则藤结构规则的条件变量对 $\{j,k|D\}$ 计算经验 Kendall 秩相关系数 $\hat{\tau}_{j,k|D}$。

b）根据 $\max\sum\left|\hat{\tau}_{j,k|D}\right|$，$e=\{j,k|D\}$ 的原则，采用最大生成树算法获得

第 i 棵树的结构。

c）对第 i 棵树上的每个边选择一个最佳的二元 Copula 函数 $\hat{C}_{j,k|D}$，并估计参数。根据 h 函数和 $\hat{C}_{j,k|D}$ 计算条件变量 $\hat{F}_{j|k\cup D}\left(u_{nj}|u_{nk},\boldsymbol{u}_{nD}\right)$，$\hat{F}_{k|j\cup D}\left(u_{nk}|u_{nj},\boldsymbol{u}_{nD}\right)$，$n=1,\cdots,N$。

end for

（4）相关结构建模的效果分析。通过算例分析对比不同相关结构模型的建模效果。算例中，进行分析对比的五个相关结构模型为：Gaussian Copula（Gau.），R–vine Copula（RVine），含独立检验的 R–vine Copula（RVine ind.），以及含独立检验的 C–vine Copula（CVine）和含独立检验的 D–vine Copula（DVine）。其中，RVine ind.、CVine 和 DVine 模型中独立检验的显著程度设定为 0.05。由于算例针对每个预测时长（未来 24h，以 1h 为间隔）分别进行建模，因此对于每种建模方法共需要建立 24 个模型，对应的拟合精度通过 A_{IC} 值详细记录在图 5–19 中。五种模型的计算时间则列在表 5–14 中，对应的计算环境为 Windows7（64 位）系统，处理器为 Intel（R）　Core（TM）　i5–4210U @1.70GHz～2.40GHz，内存 12GB。

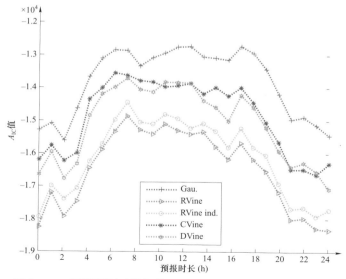

图 5–19　不同预测时长条件下五种模型的相关结构拟合精度

表 5-14　　　　　　　　　　　　　五种模型的计算时间

模型	Gau.	RVine	RVine ind.	CVine	DVine
计算时间 （min）	1	56	35	34	33

由图 5-19 可见，Gau.模型在全预测时长下拟合精度最低，即 A_{IC} 值最高，而 RVine 模型拟合精度最高，即 A_{IC} 值最低。由此可知，仅采用单一的 Gau.模型难以准确描述结构复杂的风电高维数据。从表 5-14 所示的计算时间上看，由于 Gau.模型仅需估算高维数据的相关系数矩阵，因此其计算负担最低，计算时间仅需 1min，而 RVine 模型需要对每一个二元结构进行多种二元 Copula 函数的对比，其计算负担重，需要约 56min 的计算时间。RVine ind.模型采用了独立检验，省去一部分相关性不强的二元结构的参数估计，相对于 RVine 模型仅牺牲了较小的拟合精度，却明显降低了计算负担，计算时间降为 35min。在 CVine 和 DVine 模型的拟合过程中也同样采用了独立检验的简化方法，计算时间与 RVine ind.模型接近。然而由于 CVine 和 DVine 模型无法形成最大相关变量的优先建模，其藤结构往往优化差，相对于规则藤的结果拟合精度不高，处于中间水平。

计算效率需要结合实际的应用场景来分析。对于考虑的天前区间预测场景，相关结构建模离线完成，一旦确定可按照几周或月的周期进行更新，而且一旦相关结构模型确定，提取条件概率预测结果的计算十分迅速，可以忽略。如果要用到日内实时预测的应用场景，此时的预测时长在 1 到几个小时以内，且模型更新十分频繁，RVine 模型的计算负担巨大，工程适用性较低。考虑到高维应用场景下计算时间随计算维度增加的变化情况，图 5-20 给出了不同风电场数量下所需的建模时间。

图 5-20 中，相关结构的维度为风电场数量的两倍，统计的计算时间为 24 个模型的总计算时间。当风电场数为 2～10 时，需要拟合的二元 copula 函数总数量分别为 144、360、672、1080、1584、2184、2880、3672、4560。可见，需要拟合的函数数量随维度增加快速增长，模型的计算时间随着变量维度的增加也明显增长。若考虑的风电场数量过多时，可以适当的将出力状况接近的风电场结构进行合并后建模，也可以采用主成分分析法对高

维随机向量进行降维处理。

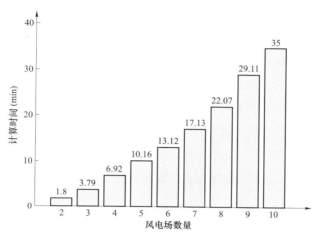

图 5-20　**RVine** 模型随风电场数量增加的建模时间统计

　　Vuong 假设检验是基于对数似然值比的假设检验，可以对比两个非嵌套模型的拟合效果。用 c_1 和 c_2 分别表示用于对比的两个 Copula 模型，其对应的参数集合分别为 $\boldsymbol{\theta}_1$ 和 $\boldsymbol{\theta}_2$，模型总计的参数个数分别为 k_1 和 k_2，样本集的高维观测数据由 $\boldsymbol{u}_i, i=1,\cdots,N$ 表示。式（5-69）给出了统计量 v 的表达式，其中 m_i 的计算如式（5-70）所示。由于统计量 v 渐进满足标准正态分布，在显著程度为 α 的条件下，如果 $v > \Phi^{-1}(1-\alpha/2)$，认为模型 c_1 优于 c_2；反之，如果 $v < \Phi^{-1}(1-\alpha/2)$，则认为模型 c_2 优于 c_1；如果 $|v| \leqslant \Phi^{-1}(1-\alpha/2)$，则无法拒绝原假设，不能明确判断孰优孰劣。

$$v = \frac{\dfrac{1}{n}\sum_{i=1}^{N} m_i}{\sqrt{\sum_{i=1}^{N}\left(m_i - \bar{m}\right)^2}} \qquad (5-69)$$

$$m_i = \log\left[\frac{c_1\left(\boldsymbol{u}_i \mid \boldsymbol{\theta}_1\right) - k_1}{c_2\left(\boldsymbol{u}_i \mid \boldsymbol{\theta}_2\right) - k_2}\right] \qquad (5-70)$$

　　图 5-21 给出了上述五种模型的 Vuong 检验对比结果，其中四条曲线中 RVine ind. 都作为基准模型 c_2。当显著程度 $\alpha = 0.05$ 时，$\Phi^{-1}(1-\alpha/2) = 1.96$。可见，RVine ind. 的检验结果优于除 RVine 模型以外的

所有模型，独立 Copula 的引入带来了拟合精度的降低。但是，考虑到计算效率明显提高，可主要采用 RVine ind. 模型。

表 5–15 以预测时长 1h 的样本集为例，给出了两种 R–vine Copula 模型中最优二元 Copula 函数的数量统计。两个模型中最优 Copula 函数为 Gaussian Copula 的占比分别为 5.79% 和 8.95%。可见 Gaussian Copula 函数并不是多数相关结构的最优选择。因此，高维的 Gaussian Copula 模型在进行风电数据相关性建模的过程中不可避免地引入了拟合误差。不同种类的二元 Copula 函数均按一定比例出现在模型之中，也说明了 R–vine Copula 构建的灵活性和可选二元 Copula 函数的多样性。

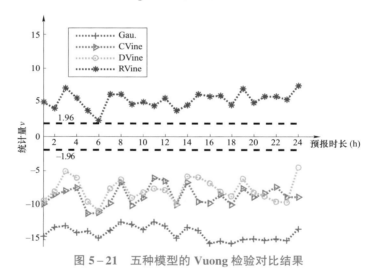

图 5–21　五种模型的 Vuong 检验对比结果

表 5–15　两种 R–vine Copula 模型中最优二元 Copula 函数的数量统计

R–vine Copula（含独立 Copula）			R–vine Copula		
Copula 函数	数量	占比（%）	Copula 函数	数量	占比（%）
独立	73	38.42	Frank	50	26.32
Frank	33	17.37	t	40	21.05
t	23	12.11	Clayton（180）	18	9.47
Clayton（180）	12	6.32	Clayton	18	9.47
Gaussian	11	5.79	Gaussian	17	8.95
Clayton	10	5.26	Joe	8	4.21

R－vine Copula（含独立 Copula）			R－vine Copula		
Copula 函数	数量	占比（%）	Copula 函数	数量	占比（%）
Clayton（270）	6	3.16	Clayton（270）	8	4.21
Clayton（90）	5	2.63	Gumbel	6	3.16
Joe	5	2.63	Clayton（90）	6	3.16
Gumbel	4	2.11	Joe（180）	4	2.11
Gumbel（180）	2	1.05	Joe（270）	4	2.11
Gumbel（90）	2	1.05	Joe（90）	4	2.11
Gumbel（270）	2	1.05	Gumbel（270）	3	1.58
Joe（270）	1	0.53	Gumbel（180）	2	1.05
Joe（180）	1	0.53	Gumbel（90）	2	1.05
总计	190	100	总计	190	100

综上所述，采用顺序法建模的 R－vine Copula 模型在相关结构建模精度上相对于传统 Gaussian Copula 模型具有明显优势，但其计算负担明显高于 Gaussian Copula 模型。而采用独立检验简化的 R－vine Copula 模型可以降低计算负担并保持良好的拟合精度，适合风电区间预测的应用。

5.3.3　考虑相关性影响的区域风力发电功率分布条件概率生成方法

在拟合的边缘分布和相关结构的基础上，根据式（5－62）可以得到高维随机向量 $\boldsymbol{X}$ 的联合分布 $F(X_1,\cdots,X_d)$ 的解析表达式。然而，其解析表达式非常复杂，是由复杂的 R－vine Copula 函数 C 和众多的边缘分布拟合函数 $\hat{F}_1,\cdots,\hat{F}_d$ 构成。对于区域风电场总发电功率，需要求解各风电场各预测误差之和的条件概率分布。如果想要直接通过联合分布 F 求得这一分布则要经过复杂的多重积分计算，如果通过解析方法直接计算，一方面 F 的解析式复杂，计算量巨大，另一方面 F 必须为可积函数，多数情况解析法不可解。但根据蒙特卡罗随机采样法，可以用较小的计算代价得到所需的条件概率预测结果。本节主要介绍在已知联合分布 F 的情况下，如何利用随机采样法得到所需的条件概率分布，即区域风电的区间预测结果。

5.3.3.1 多元分布模型的随机采样方法

采用反变换采样（inverse transformation sampling），从已知的 R－vine Copula 模型 C 和边缘累积分布函数 $\hat{F}_1,\cdots,\hat{F}_d$ 中生成反映多元分布特征的模拟数据 $\boldsymbol{X}_s$。

首先，从满足独立均匀分布的随机向量 $\boldsymbol{W}=(W_1,\cdots,W_d)$ 随机采样得到模拟数据，$\boldsymbol{W}$ 中每一个分量 W_i 均满足（0,1）区间上的均匀分布。

然后，根据积分变换原理，通过式（5－71）得到满足 R－vine Copula 模型 C 的随机向量 $\boldsymbol{U}=(U_1,\cdots,U_d)$。

$$\begin{cases} U_1 = W_1 \\ U_2 = F_{2|1}^{-1}(W_2|U_1) \\ \vdots \\ U_d = F_{d|d-1,\cdots,1}^{-1}(W_d|U_{d-1},\cdots,U_1) \end{cases} \quad (5-71)$$

其中，式（5－72）以条件累积分布函数 $F_{d|d-1,\cdots,1}$ 为例给出了与对应 Copula 函数的关系。由于 C 已经确定，因此，式（5－71）中各条件概率累积分布函数也全部确定。

$$F_{d|d-1,\cdots,1} = \frac{\partial C_{d,d-1|d-2,\cdots,1}\left(x_{d|d-2,\cdots,1}, x_{d-1|d-2,\cdots,1}\right)}{\partial F_{d-1|d-2,\cdots,1}} \quad (5-72)$$

最后，高维模拟数据 $\boldsymbol{X}_s$ 可以通过随机向量 $\boldsymbol{X}$ 的边缘累积分布函数 $\hat{F}_1,\cdots,\hat{F}_d$，根据积分变换原理，通过式（5－73）得到。

$$\boldsymbol{X}_s = \left[\hat{F}_1^{-1}(U_1),\cdots,\hat{F}_d^{-1}(U_d)\right] \quad (5-73)$$

5.3.3.2 条件概率结果的构建方法

在构建条件概率分布时，需要依据一定的条件筛选历史数据中与当前预测时刻特点相似的样本用于条件概率分布的构建，而影响条件划分的变量称之为条件影响变量。例如，t 时刻的某风场风电功率的点预测值 $\hat{P}_t$ 处于低出力状态，就要从历史数据中选取预测功率与 $\hat{P}_t$ 接近的低出力状态的预测误差样本来拟合当前状态误差的条件概率分布，而不是将所有历史数据样本都拿来进行拟合的非条件的概率分布。将 t 时刻 L 个条件影响变量确定的预测条件 $\boldsymbol{c}_t$ 概括如式（5－74）所示，其中 v 为条件影响变量，其取

值空间表示为 V。

$$c_t = \left\{ v_t^1, \cdots, v_t^L \right\} \quad c_t \in C = V_1 \times \cdots \times V_L \quad (5-74)$$

对于预测功率、风速等在一定范围内变动的有界的连续变量，通常需要经过离散化处理以便于样本集的筛选，以某一个条件影响变量 v_l 为例，将其取值空间划分为 B_l 个区间，如式（5-75）所示。

$$\begin{cases} V_l = V_l^1 \bigcup \cdots \bigcup V_l^{B_l} \\ V_l^i \bigcap V_l^j = \boldsymbol{\phi}, \forall i,j \in \{1, \cdots, B_l\} \quad i \neq j \end{cases} \quad (5-75)$$

按照式（5-75）划分后，预测条件 c_t 的取值空间变为式（5-76）。

$$\begin{aligned} C\left(\{(l,B_l)\}\right) &= C\left((1,B_1), \cdots, (L,B_L)\right) \\ &= \left(V_1^1 \bigcup \cdots \bigcup V_1^{B_1}\right) \times \cdots \times \left(V_L^1 \bigcup \cdots \bigcup V_L^{B_L}\right) \end{aligned} \quad (5-76)$$

因此，根据不同的条件组合，存在的条件子集个数为

$$N_s = \prod_{l=1}^{L} B_l \quad (5-77)$$

所以在预测条件 c_t 下，预测误差的条件概率分布 $\hat{f}_t$ 就应该通过式（5-78）来构建，其中 ε 表示预测误差，而 S 表示满足条件 c_t 的样本子集。

$$\hat{f}_t\left(c_t\right) = \hat{f}_t\left(\{(l,B_l)\}\right) \rightarrow \left\{\varepsilon_i, \varepsilon_i \in S\left(\{(l,B_l)\}\right)\right\} \quad (5-78)$$

当研究对象为区域风电总功率的条件概率分布时，选择各场站的预测功率为条件影响变量，预测条件 c_t 的维度等于场站数量。如果各维度的区间划分过于精细，难以从有限的历史数据中筛选出足够的样本数据，这样即使预测条件的描述很精确，符合条件的样本数量不足也会降低区间预测效果。通过生成的模拟数据可以方便地构建条件概率分布的样本集，同时预测条件的设定也可以更加精细，而不用担心样本数据不足的问题。因此，通过多元分布建模方法得到的区间预测结果更能反映实际条件下的准确分布情况，在解决高维问题时，相对于直接利用实际样本数据，具备优势。

对于高维数据，某一时刻各维度的数据均存在才称为一次完整的观测。在区域风电功率的历史数据中，完整的观测数据相对有限。一方面，对于高维数据而言，尽管单一维度数据的缺失率（或数据异常率）很低，但由于数据缺失并不同时发生，还是会造成完整观测数量稀少，高维数据的缺

失情况示例如图 5-22 所示。另一方面，在风电预测领域，异常数据现象本就普遍，造成缺失数据的原因也有多种，如通信及存储错误，出力受限，风电场及线路的检修等，在我国风电受限问题严重地区，如西北地区，可以利用的完整的观测数据更为稀少。而多元分布建模的方法可以利用有限的样本数据构建总体分布，实现对样本数据中各种概率情况的拟合，并根据拟合的分布产生足够多的模拟数据用于分析，这些数据还涵盖了通过参数分布函数外推和内插出来的未出现在原样本中的情况，总之，生成的模拟数据为高维场景下完整观测数据不足的问题提供了一个解决途径。

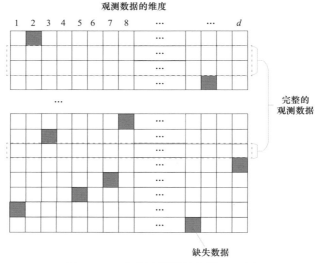

图 5-22 高维数据的缺失情况示例

另外两种构建条件样本集的方法是基于求和的降维条件法和以距离原则为条件的方法。

（1）基于求和的降维条件法：将 t 时刻 n 个场站的预测功率通过求和降维成单一的随机变量 $\hat{P}_{\Sigma,t} = \hat{P}_{1,t} + \cdots + \hat{P}_{n,t}$，并以得到的总的预测功率 $\hat{P}_{\Sigma,t}$ 为条件，选取 $\left| \hat{P}_{\Sigma,i} - \hat{P}_{\Sigma,t} \right| < \varepsilon$ 的模拟数据构成样本集来拟合 t 时刻总功率的条件概率分布。这种方法是对多条件原则的一种简化，然而，对于特定的 $\hat{P}_{\Sigma,t}$ 本身就包含了众多场站预测功率的出力组合，由此，也体现了这一方法对于条件刻画的粗糙，另外，由于条件约束较松，构建样本集的样本数量相

对容易保证。

（2）以距离原则为条件：计算欧式距离 $d_{i,t}$ 如式（5-79）所示，选取 $d_{i,t}<\varepsilon$ 的模拟数据构成样本集来拟合 t 时刻总功率的条件概率分布，其中 $\hat{\boldsymbol{P}}_i$ 和 $\hat{\boldsymbol{P}}_t$ 代表各场站预测功率的随机矢量，w 为各维度权重，可以根据各风电场功率对于总功率的相关程度加以区分，难以分辨，或默认均取值为 1。这种方法利用距离函数来描述样本间的相似度，并且综合考虑了各个条件对变量的影响，是一种将多条件原则转化为单一指标的筛选方法。

$$d_{i,t}=\sqrt{\left(\hat{\boldsymbol{P}}_i-\hat{\boldsymbol{P}}_t\right)^{\mathrm{T}}\mathrm{diag}\left(w_1,\cdots,w_n\right)\left(\hat{\boldsymbol{P}}_i-\hat{\boldsymbol{P}}_t\right)} \qquad (5-79)$$

在得到按照特定条件原则筛选的预测误差条件样本集之后，根据核密度估计的方法进行预测误差的条件概率密度分布拟合，并将误差分布加到目标时刻的点预测功率值上，获得连续的条件概率分布函数结果。

5.3.4　实例分析

采用某省五处风电场进行区域功率概率预测分析，分别给出单一场站以及区域多场站总输出的概率预测结果，并给出相应概率预测评价指标的统计值。单一场站的概率预测结果如图 5-23 所示。其中，图 5-23（a）给出了对应置信度分别为 95%、90%、85%、80%的预测区间时的预测结果以及对应的实际观测值，时间分辨率为 15min，图中给出的是 10 日的预测结果，由于单一风电场预测精度有限，预测的不确定性大，预测区间宽度很大且存在明显的波动变化。图 5-23（b）为对应的是每一时间断面计算出的技巧分数，可以发现当实际值落在区间以外时，打分机制对其惩罚严重，相应的技巧分数得分很低。

单一场站预测结果的区间宽度和区间覆盖率如图 5-24 所示，可以发现由于单一场站预测不确定性大，在保证可靠的情况下，预测区间不可避免的普遍较宽，其中 95%置信区间对应的平均宽度高于 0.5 标幺值。

多场站的概率预测结果如图 5-25 所示，与单场站结果对比的直观不同，多场站预测区间整体波动变小，由于预测精度的提高，预测区间也更加集中。

多场站预测结果的区间宽度和区间覆盖率如图 5-26 所示，可见预测区间宽度普遍降低，其中 95% 置信区间对应的平均宽度已经低于 0.5 标幺值；可靠度方面，各置信度区间下的偏差降到很低。

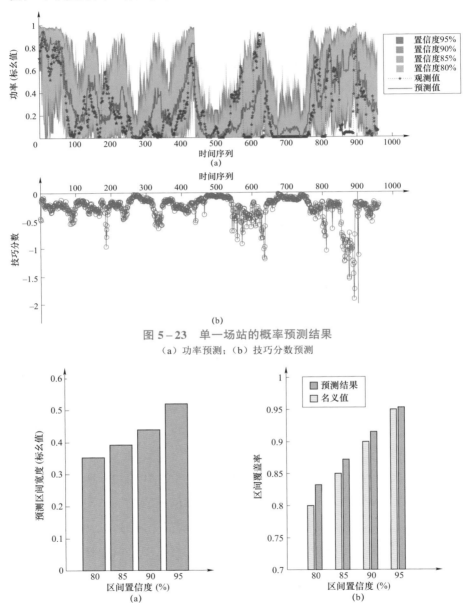

图 5-23   单一场站的概率预测结果

（a）功率预测；（b）技巧分数预测

图 5-24   单一场站预测结果的区间宽度和区间覆盖率

（a）预测区间宽度；（b）区间覆盖率

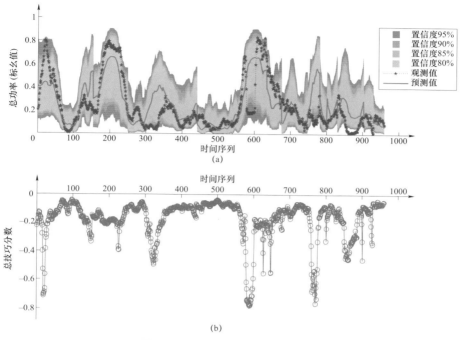

图 5 - 25 多场站的概率预测结果

（a）总功率预测；（b）总技巧分数预测

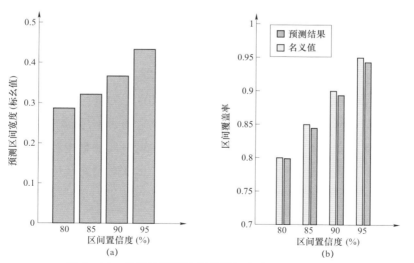

图 5 - 26 多场站预测结果的区间宽度和区间覆盖率

（a）预测区间宽度；（b）区间覆盖率

5.4 风力发电爬坡事件预测方法

风电功率在短时间内发生的大幅度变化被称为风电爬坡事件。研究表明，强对流、低空急流、雷暴等是触发风电上爬坡事件的主要原因；而气压梯度急速下降，或是风速持续高过切出风速使得机组自动停止运行，是导致风电功率陡降、进而触发风电下爬坡事件的主要原因。我国并网风电具有规模大、集中度高的特点，风电爬坡事件会导致电力系统发用电不平衡，易造成电网频率波动、恶化电能质量、威胁电网安全运行。由此，开展风电爬坡事件准确预警，调度机构可提前采取应对措施，降低风电爬坡事件对电网的冲击，增强系统运行的稳定性。应对风电爬坡事件对电力系统运行的冲击主要集中在超短期尺度下，因而主要介绍超短期尺度下风电爬坡事件的预测方法。

5.4.1 风力发电爬坡事件定义方式

风电爬坡事件通常由五个特征量描述：① 爬坡幅值 ΔP_r，表征风电功率在观测时段内的变化量；② 爬坡方向，若观测时段末端功率大于首端功率为上爬坡，反之为下爬坡；③ 爬坡持续时间 Δt，即风电功率大幅波动的持续时间；④ 爬坡率 $\Delta P_r/\Delta t$，即爬坡持续时段内风电功率的变化速率；⑤ 爬坡时刻 t_0，可定义为爬坡起始时刻或爬坡持续时段的中值。

西班牙某风电场记录的五日内两起风电爬坡事件如图 5-27 所示。图中横轴为时间，纵轴为归一化的风电功率观测值（P_c 为该风电场装机容量）。五项特征量对两起爬坡事件的描述如下：该风电场于 1 月 24 日 20 时起经历了一次持续 4h 的风电上爬坡事件，该过程中风电场功率相对装机容量增长了 91%，爬坡率达到 22.75%；并于 1 月 27 日 0 时起又经历了一次持续 3h 的风电下爬坡事件，该过程中风电场功率相对装机容量减少了 74%，爬坡率达到 -24.67%。

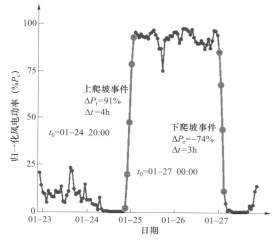

图 5-27 西班牙某风电场记录的五日内两起风电爬坡事件

基于上述爬坡特征量，风电爬坡事件定义方式主要有以下四种。

定义一：若在观测时段 $[t, t+\Delta t]$ 内，风电功率的初始时刻观测值和末端时刻观测值之差的绝对值大于设定阈值，则判定在此观测时段内发生了风电爬坡事件。其判别式为

$$\left|P(t+\Delta t)-P(t)\right| > P_\varepsilon \qquad (5-80)$$

式中　$P(t)$——t 时刻观测的风电功率，MW；

　　$P(t+\Delta t)$——$t+\Delta t$ 时刻观测的风电功率，MW；

　　P_ε——设定的功率阈值，MW。

定义二：若在观测时段 $[t, t+\Delta t]$ 内，风电功率的最大观测值和最小观测值之差大于设定的阈值，则发生了风电爬坡事件。其判别式为

$$\max(P[t, t+\Delta t])-\min(P[t, t+\Delta t]) > P_\varepsilon \qquad (5-81)$$

式中　$\max(P[t, t+\Delta t])$——最大观测功率，MW；

　　$\min(P[t, t+\Delta t])$——最小观测功率，MW。

定义三：若在观测时段 $[t, t+\Delta t]$ 内，初始时刻观测功率和末端时刻观测功率之差的绝对值与观测时长 Δt 的比值大于设定的阈值，则发生了风电爬坡事件。其判别式为

$$\frac{\left|P(t+\Delta t)-P(t)\right|}{\Delta t} > P_\varepsilon \qquad (5-82)$$

以上三种爬坡事件的定义均是基于观测功率序列，由观测时段内功率变化情况与设定阈值的相对大小来判定有无风电爬坡事件发生。此外，为避免风电功率秒级快速波动或数据噪声对爬坡事件识别结果的干扰，也可利用差分的思想，先对风电功率进行低通滤波预处理。设 P_t 为风电功率时间序列，则相应的滤波信号 P_t^f 可由下式得到

$$P_t^f = mean(P_{t+h} - P_{t+h-n}) \quad h = 1, 2, \cdots, n \quad (5-83)$$

式中　h——平均差分估计量，即滤波信号时间窗的窗宽；

　　　n——该时间窗的最大取值；

$mean(\cdot)$——在该时间窗内取平均值。

定义四：当风电功率滤波信号 P_t^f 的绝对值大于设定阈值时，判定发生了风电爬坡事件。其判别式为

$$\left| P_t^f \right| > P_\varepsilon \quad (5-84)$$

在上述四种定义爬坡事件的判别式中，阈值 P_ε 可为具体的容量值，也可为相对风电场装机容量的比值；观测时长 Δt 一般根据应用情景在 10min 至 4h 内（超短期预测时间尺度）取值。P_ε 及 Δt 取值需考虑风电场装机容量及所在电网的调节能力。

上述四种风电爬坡事件的定义方式存在显著差异，其优缺点如表 5-16 所示。

表 5-16　　　　四种风电爬坡事件定义方式的优缺点

定义方式	优点	缺点
一	判别简单，可区分爬坡方向	忽略时段内功率变化过程，或造成漏报
二	考虑时段内功率变化过程，漏报率低	不易区分爬坡方向
三	可体现爬坡率、区分爬坡方向	忽略时段内功率变化过程，或造成漏报
四	可剔除噪声影响，漏报率低	不易区分爬坡方向

5.4.2　基于波动过程挖掘的风力发电爬坡事件预测方法

忽略风电功率序列中的高频波动，以风电功率的低频波动为对象，利用低频波动的自身规律和大数据挖掘方法，按照风电爬坡事件的"定义一"，

对实时出力过程状态及演化趋势进行判断，如满足条件则判定为风电爬坡事件，该方法称为基于波动过程挖掘的风电爬坡事件预测方法，其技术路线如图 5-28 所示。

5.4.2.1　功率序列滤波

高频随机波动干扰风电功率序列低频波动的提取和波动趋势的判断，需对风电功率序列进行滤波，剔除高频随机波动。目前存在多种滤波方法，如中值滤波、算术平均值滤波、小波分析、卡尔曼滤波和最小二乘滤波等，爬坡事件预测需采用在线滚动方式，存在数据尾部的影响，适用的方法主要有卡尔曼滤波和最小二乘滤波等，考虑估计的准确性，采用最小二乘滤波方法。

时变系统的状态空间模型称为量测方程，可描述为

$$\begin{aligned} X^{k+1} &= \boldsymbol{\phi}_{k+1|k} X_k + \boldsymbol{\Gamma}_k W_k \\ Z_k &= H_k X_k + V_k \end{aligned} \qquad (5-85)$$

式中　　X_k——k 时刻的系统状态，$X_k \in \boldsymbol{R}^n$；

　　　　$\boldsymbol{\phi}_k$——$k \sim k+1$ 时刻的一步状态转移矩阵，$\boldsymbol{\phi}_k \in \boldsymbol{R}^{n \times n}$；

　　　　$\boldsymbol{\Gamma}_k$——k 时刻的系统噪声矩阵，$\boldsymbol{\Gamma}_k \in \boldsymbol{R}^{n \times r}$；

　　　　W_k——k 时刻未知的系统模型误差和噪声，$W_k \in \boldsymbol{R}^r$；

　　　　Z_k——k 时刻的系统测量值，$Z_k \in \boldsymbol{R}^m$；

　　　　H_k——k 时刻的量测矩阵，$H_k \in \boldsymbol{R}^{m \times n}$；

　　　　V_k——k 时刻的量测噪声，$V_k \in \boldsymbol{R}^m$。

设 $k-1$ 时刻得到最小二乘（LS）参数估计值为 X_{k-1}，则最小二乘算法参数估计的递推公式为

$$X_k = X_{k-1} + K_k e_{k|k-1} \qquad (5-86)$$

其中，$K_k = P_{k-1} H_k^{\mathrm{T}} \left(\lambda I + H_k P_{k-1} H_k^{\mathrm{T}} \right)^{-1}$，$P_k = \dfrac{1}{\lambda} \left[P_{k-1} - K_k H_k P_{k-1} \right]$。

式中　　$e_{k|k-1}$——量测值 Z_k 的一步误差，$e_{k|k-1} = Z_k - H_k X_{k-1}$；

　　　　I——单位矩阵；

　　　　λ——遗忘因子。

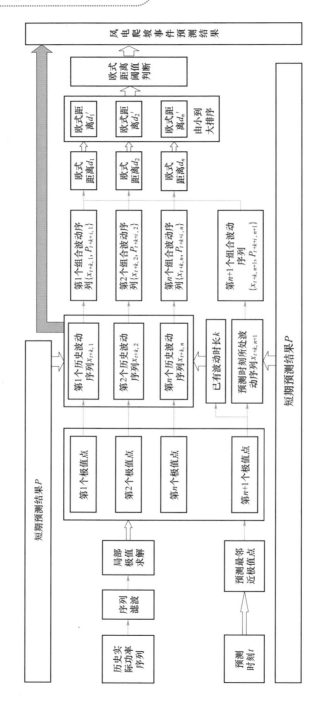

图 5-28 基于波动过程挖掘的风电爬坡事件预测方法技术路线

将上述递推最小二乘（RLS）算法应用到状态估计中便得到最小二乘滤波算法，即

$$\boldsymbol{P}_{k|k-1} = \boldsymbol{\phi}_{k|k-1} \boldsymbol{P}_{k-1} \boldsymbol{\phi}_{k|k-1} \tag{5-87}$$

状态估值计算方程

$$\boldsymbol{X}_k = \boldsymbol{\phi}_{k|k-1} \boldsymbol{X}_{k-1} + \boldsymbol{K}_k \left(\boldsymbol{Z}_k - \boldsymbol{H}_k \boldsymbol{\phi}_{k|k-1} \boldsymbol{X}_{k-1} \right) \tag{5-88}$$

滤波增益方程

$$\boldsymbol{k}_k = \boldsymbol{P}_{k|k-1} \boldsymbol{H}_k^{\mathrm{T}} \left(\lambda \boldsymbol{I} + \boldsymbol{H}_k \boldsymbol{P}_{k-1} \boldsymbol{H}_k^{\mathrm{T}} \right)^{-1} \tag{5-89}$$

估计均方差误差方程

$$\boldsymbol{P}_k = \frac{1}{\lambda} \left[\boldsymbol{P}_{k|k-1} - \boldsymbol{K}_k \boldsymbol{H}_k \boldsymbol{P}_{k|k-1} \right] \tag{5-90}$$

最小二乘滤波方法为成熟的滤波方法，可直接采用。令风电功率原始序列为 x，最小二乘滤波函数为 $f(\cdot)$，则滤波后的风电功率序列为

$$p = f(x) \tag{5-91}$$

式中　p——滤波后的风电功率低频波动序列。

滤波前后序列对比情况如图 5-29 所示。

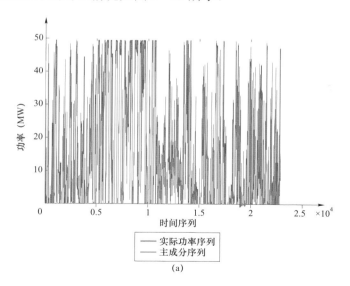

(a)

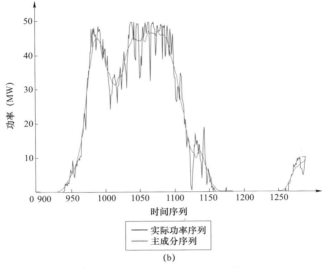

图 5−29 滤波前后序列对比情况

（a）滤波前后曲线对比；（b）局部放大图

5.4.2.2　局部极值点求取

针对滤波后的风电功率低频波动序列求取局部极值点，该序列为离散序列，采用差分方式求取局部极值点。

对数据长度为 m 的风电功率低频波动序列 p_t 向前和向后差分，若

$$\begin{cases} p_t - p_{t-1} \geqslant 0 \\ p_{t+1} - p_t \leqslant 0 \end{cases} \quad t = 2, \cdots, m-1 \tag{5−92}$$

则 p_t 为局部极大值点。若

$$\begin{cases} p_t - p_{t-1} \leqslant 0 \\ p_{t+1} - p_t \geqslant 0 \end{cases} \quad t = 2, \cdots, m-1 \tag{5−93}$$

则 p_t 为局部极小值点。

对于上述求取方法，对出力为 0 的无出力过程也可能判断为局部极值点，同时波动较小的趋势变化也能提取出极值点，但实际工程中可认为是同一波动过程。为此，在上述极值提取的基础上，根据工程经验，对连续极值变化范围小于 5%装机容量的极值进行归并。设 $p_{t_i,i}, i = 1, \cdots, l$ 为极值点序列，若

$$\begin{cases} \left| p_{t_i,i} - p_{t_i,i+\delta} \right| \leqslant 0.05 S_c \\ \left| p_{t_i,i} - p_{t_i,i+\delta+1} \right| > 0.05 S_c \end{cases} \qquad \delta = 2,3,\cdots \qquad (5-94)$$

则 $\left\{ p_{t_i,i+1}, \cdots, p_{t_i,i+\delta-1} \right\}$ 可进行归并，取消这些极值点，最终获得 $n+1$ 个极值点。

式中　　S_c ——装机容量，MW。

局部极值点求取结果示例如图 5-30 所示。

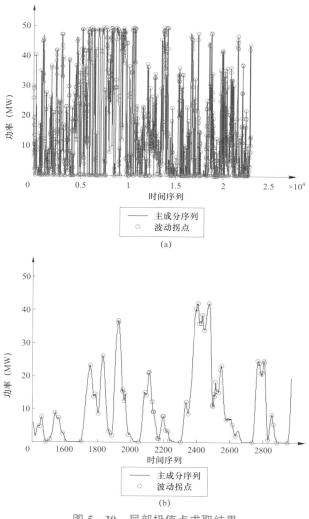

图 5-30　局部极值点求取结果

（a）局部极值点结果；（b）局部放大图

5.4.2.3　波动序列生成

根据当前时刻 $t_{n+1}+k$，确定历史最邻近极值点 $p_{t_{n+1},n+1}$。根据最邻近极值点 $p_{t_{n+1},n+1}$，确定已有波动采样点数量 k 和预测时刻所处波动序列 $\left\{ p_{t_{n+1},n+1},\cdots,p_{t_{n+1}+k,n+1} \right\}$。

利用已有波动采样点数据 k，以历史每个极值点为波动起始点，生成历史波动序列 $\left\{ p_{t_j,j},\cdots,p_{t_j+k,j} \right\}; j=1,\cdots,n$，共 n 组历史波动序列。

5.4.2.4　复合波动序列生成

引入当前时刻下，超短期尺度下对应的短期预测结果，目的是辅助判断未来波动趋势变化情况，以提高预测精度。

我国当前的超短期预测时间尺度为 4h，采样时间分辨率为 15min，因此，取 $t_j+k+1\sim t_j+k+16$ 时间范围内的短期预测结果 $\left\{ P_{t_j+k+1,j},\cdots,P_{t_j+k+16,j} \right\}$，与波动序列 $\left\{ p_{t_j,j},\cdots,p_{t_j+k,j} \right\}$ 组合为复合波动序列 $\left\{ p_{t_j,j},\cdots,p_{t_j+k,j},P_{t_j+k+1,j},\cdots,P_{t_j+k+16,j} \right\}$。

5.4.2.5　欧式距离计算

欧几里得度量（即欧氏距离）是一个常用的距离定义，指在 m 维空间中两个点之间的真实距离，或者向量的自然长度（即该点到原点的距离）。在二维和三维空间中的欧氏距离就是两点之间的实际距离，二维的计算公式为

$$d=\sqrt{\left(x_1-x_2\right)^2+\left(y_1-y_2\right)^2} \qquad (5-95)$$

三维的计算公式为

$$d=\sqrt{\left(x_1-x_2\right)^2+\left(y_1-y_2\right)^2+\left(z_1-z_2\right)^2} \qquad (5-96)$$

推广到 n 维空间，n 维欧氏空间是一个点集，它的每个点 X 或向量 x 可以表示为 $\left(x[1],x[2],\cdots,x[n]\right)$，其中 $x[i](i=1,2,\cdots,n)$ 是实数，称为 X 的第 i 个坐标。

两个点 $A=(a[1],\ a[2],\ \cdots,\ a[n])$ 和 $B=(b[1],\ b[2],\ \cdots,\ b[n])$ 之间的距离 $\rho(A,B)$ 定义为

$$\rho\left(A,B\right)=\sqrt{\sum\left(a[i]-b[i]\right)^2},\ i=1,2,\cdots,n \qquad (5-97)$$

向量 $x=(x[1],\ x[2],\ \cdots,\ x[n])$ 的自然长度 $|x|$ 定义为

$$| \boldsymbol{x} | = \sqrt{\left(|x[1]|^2 + |x[2]|^2 + \cdots + |x[n]|^2 \right)} \qquad (5-98)$$

根据欧式距离计算方法，分别计算预测时刻所处负荷波动序列 $\left\{ p_{t_{n+1},n+1}, \cdots, p_{t_{n+1}+k,n+1}, P_{t_{n+1}+k+1,n+1}, \cdots, P_{t_{n+1}+k+16,n+1} \right\}$ 与历史复合波动序列 $\left\{ p_{t_j,j}, \cdots, p_{t_j+k,j}, P_{t_j+k+1,j}, \cdots, P_{t_j+k+16,j} \right\}$ 的欧式距离

$$d_j = \sqrt{ \begin{aligned} &\left(p_{t_{n+1},n+1} - p_{t_j,j} \right)^2 + \cdots + \left(p_{t_{n+1}+k,n+1} - p_{t_j+k,j} \right)^2 + \\ &\left(P_{t_{n+1}+k+1,n+1} - P_{t_j+k+1,j} \right)^2 + \cdots + \left(P_{t_{n+1}+k+16,n+1} - P_{t_j+k+16,j} \right)^2 \end{aligned} } \qquad (5-99)$$

5.4.2.6　类波动序列挖掘

根据欧式距离 d_j，对历史复合波动序列进行降序排列 d_j，欧式距离越小，该历史复合波动序列的波动特征与预测时刻所处的波动特征越相符，取排序的前 1%作为预测时刻所处波动序列的类波动序列，同时获取各类波动序列在超短期尺度下的功率趋势，各类波动序列将用于超短期功率预测，实际测算结果显示未滤除高频随机波动的原始功率序列能够获得更佳的精度结果，因而最终的类波动序列为 $\left\{ x_{t_{j'},j'}, \cdots, x_{t_{j'}+k,j'}, x_{t_{j'}+k+1,j'}, \cdots, x_{t_{j'}+k+16,j'} \right\}$，$j' = 1, \cdots, [0.01n]$。类波动序列挖掘结果截图如图 5-31 所示。

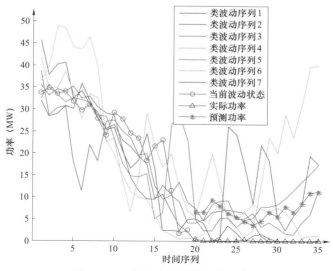

图 5-31　类波动序列挖掘结果截图

图 5-31 中类波动序列的未来波动趋势即为构成风电爬坡事件的潜在预测结果，当未来波动趋势结合当前波动状态可判定为爬坡事件时，风电爬坡事件预测触发，给出未来爬坡事件预测结果。

5.5 未来发展方向

在对风电功率区间预测建模的历程中，大致呈现出以下趋势。

（1）从非条件性建模走向条件性建模，从单条件性建模走向多条件性建模。

（2）参数预测模型中设置的参数数目呈现增长趋势，更多的非参数化建模方法被提出。

（3）智能学习算法在预测中的应用愈加普遍，且国内外学者对深度学习等先进机器学习算法的应用研究倾注了更多精力。

（4）多模型组合预测理论也为提高区间预测模型的精度与普适性提供了新思路。

总的来说，当前国内外已掌握的风电功率区间预测技术与实际应用还有较大的改进空间。

（1）预测误差分布描述的普适化与精准化。风电功率确定性预测的误差分布具有显著的"厚尾"特性，单一分布形式无法精确匹配所有风电场的样本数据。因此，可尝试构建一组分布函数来灵活调整预设的误差分布形式；或是借助组合预测理论，将多个参数/非参数预测模型的优势高效融合，提高对预测误差分布的估计精度与模型的普适性。

（2）发展风电集群区间预测技术。区域风电场站总功率与单一场站功率相比具有更强的规律性，并且在实际调度中常将邻近场站作为整体加以考虑，进行运行的优化决策。因而，在预测中，可以通过集群划分与规律提取技术，对风电集群实施区间预测，提高预测结果的准确性与可用性。

（3）发展数据驱动的风电区间预测技术。为了避免模型过于复杂，在统计预测模型中往往难以全面考虑影响风电功率的多种因素，从而会在解释变量选择和建模过程中引入误差。因此，可尝试通过基于状态空间重构的经验动态建模技术等数据驱动的方法，挖掘相关变量时间序列中隐含的演化规律，客观描述发电的动态过程，实现风电区间预测性能的提高。

（4）充分考虑区域网源特性的爬坡事件定义。各风电场接入的区域电力系统的网源结构特征，特别是电源调节能力不尽相同，爬坡事件定义方法所设定的判定阈值难以适用不同风电场或同一系统不同时刻的运行工况。所以，有必要根据区域网源结构及各种调节设备的容量及调节速度，分析系统对风电爬坡事件的承受能力，更加合理地设定爬坡事件定义中的阈值。

第 6 章

风力发电功率预测结果评价

预测结果评价对确定性预测而言，是指评价风电功率确定性预测结果与实际功率的偏离程度；对概率预测而言，是评价风电功率概率预测结果在满足置信度要求的前提下，给出的风电未来可能功率范围的宽窄程度，仅能实现相对评价。

6.1 预测误差产生机理及特性分析

6.1.1 预测误差产生机理分析

风电功率预测一般由三个环节组成，包括数据输入环节、预测模型环节和结果处理环节，结果处理环节一般不产生误差，预测误差主要在数据输入环节（即 NWP 环节），和预测模型环节产生。NWP 环节的误差在 3.2 节中已经介绍，此处主要介绍预测模型环节产生误差的原因。

风电功率预测模型主要有物理模型、统计模型和组合模型，由于组合模型结合了物理模型和统计模型的优点，其误差产生原因也来自物理模型和统计模型，因此，此处主要分析物理模型和统计模型的预测误差因素。

（1）物理模型预测误差因素。风电功率预测的物理模型主要基于大气边界层动力学与边界层气象理论，将 NWP 系统输出的粗略预测数据精细化为风电场实际地形、地貌条件下的预测值，并将预测风速、风向转换为风电机组位置轮毂高度处的风速、风向；考虑风电机组间尾流的相互影响后，再将预测风速应用于风电机组的功率曲线，由此得出风电机组的预测功率；

最后，对所有风电机组的预测功率求和，得到整个风电场的预测功率。

对物理模型进行研究能够发现，物理模型预测误差的特征主要包括：

1）物理模型认为 NWP 输出的风速、风向等数据即为未来相应时刻的气象信息，风电机组轮毂高度处的风速等数据以 NWP 数据为基础，通过物理规律的计算得到，使得物理模型的预测精度很大程度受制于 NWP 数据的精度。

2）物理模型需要对风电场周围合适范围内的粗糙度、地形等信息进行准确描述。但实际建模过程中仅仅是近似的描述，并不能做到完全准确的标定，而且模型内部也存在适当简化，使得轮毂高度处的风速、风向在转化过程中存在误差。

3）NWP 风速、风向数据转换到各轮毂高度处的风速、风向数据通过流体力学等定律，结合风电场区域具体粗糙度和地形等信息，经过复杂计算得到；同时，还存在风电机组尾流等影响，需要建立尾流模型对其进行处理。与 NWP 的计算一样，此过程存在数值计算的舍入误差。

4）风电机组功率曲线的影响。风电机组功率曲线在切入风速和额定风速之间斜率很大，当轮毂高度处的风速存在误差时，经过功率曲线的非线性转化后将会使功率误差被放大。此外，风电机组功率曲线也存在标定不准确，或随着设备原因出现曲线形态变化等问题，将进一步带来误差。

（2）统计模型预测误差因素。统计模型是在不考虑风速变化物理过程的情况下，根据历史数据统计建立气象数据与功率之间的非线性映射关系，然后根据实测数据和 NWP 数据对风电场发电功率进行预测。

与物理模型不同，统计模型不需要对风电场的物理环境和局地过程进行数值化标定，通过误差的反向传递寻找从风速、风向等气象数据到发电功率的最小误差转化方式，然后依据模型的泛化能力进行预测。其本质是建立总体预测误差最小的风电场多维功率曲线族，因而具有一定的容错性。其模型误差特征主要包括：

1）历史数据不足的影响。统计预测模型需要大量的历史数据进行训练，但在实际建模过程中可能面临历史数据不足的情况，造成场景无法遍历，模型的泛化能力不足，对于未知场景可能产生较大的预测误差，甚至错误的结果。

2）预测风速误差的影响。在统计预测模型中，对预测精度影响最大的因子是预测风速。真实的特定风速下，对应的预测风速可能分布在很宽的范围内，而统计预测模型的优化目标是通过误差的反向传递使样本总体误差最小，这就使得预测结果趋于中间化。

3）修正非正常功率数据的影响。实际功率数据存在限电和故障等非正常数据，如果将其删除将会使得数据样本不能遍历，需采用数学的方法对非正常功率数据进行修正，但该修正过程不可避免地会引入误差，不同的修正方法引入的误差不同。

6.1.2 预测误差特性分析

风电功率预测误差一般可以通过均方根误差来进行总体的表征，均方根误差能够反应预测误差的总体状况，但是不能够对不同特性的误差成分进行有效定量说明，可进一步将均方根误差 e_R^2 分解为系统偏差、横向误差和纵向误差三部分。

$$
\begin{aligned}
e_\mathrm{R}^2 &= e_\mathrm{a}^2 + e_\mathrm{s}^2 \\
&= e_\mathrm{a}^2 + e_\mathrm{V}^2 + e_\mathrm{h}^2
\end{aligned}
\tag{6-1}
$$

令 $\varepsilon = P_{\mathrm{P},i} - P_{\mathrm{M},i}$，则

$$
\begin{cases}
e_\mathrm{a} = \overline{\varepsilon} \\
e_\mathrm{s} = \sigma(\varepsilon) \\
e_\mathrm{V} = \sigma(P_\mathrm{P}) - \sigma(P_\mathrm{M}) \\
e_\mathrm{h} = \sqrt{2\sigma(P_\mathrm{P})\sigma(P_\mathrm{M})(1-r)} \\
r = \dfrac{\sum\limits_{i=1}^{n}\left[\left(P_{\mathrm{M},i} - \overline{P}_\mathrm{M}\right)\left(P_{\mathrm{P},i} - \overline{P}_\mathrm{P}\right)\right]}{\sqrt{\sum\limits_{i=1}^{n}(P_{\mathrm{M},i} - \overline{P}_\mathrm{M})^2 \sum\limits_{i=1}^{n}(P_{\mathrm{P},i} - \overline{P}_\mathrm{P})^2}}
\end{cases}
\tag{6-2}
$$

式中　　$P_{\mathrm{P},i}$ ——i 时刻的预测功率，MW；

$\quad\quad\quad P_{\mathrm{M},i}$ ——i 时刻的实际功率，MW；

$\quad\quad\quad P_\mathrm{M}$ ——实际功率样本序列，MW；

$\quad\quad\quad P_\mathrm{P}$ ——预测功率样本序列，MW；

$\overline{P}_M$ ——所有实际功率样本的平均值，MW；

$\overline{P}_P$ ——所有预测功率样本的平均值，MW；

e_a ——平均误差，反映预测的系统偏差；

e_s ——标准偏差，由横向偏差和纵向偏差组成；

e_V ——系统的纵向误差，主要描述预测结果幅值与实际结果的
差别；

e_h ——系统的横向误差，主要描述预测结果在水平时间轴上与实
际结果的差别，直观表现为预测序列的超前和滞后；

r ——实际功率序列与预测功率序列的相关系数，可表征系统的
横向误差；

n ——所有样本的数量。

均方根误差中的横、纵向误差示意如图 6-1 所示。

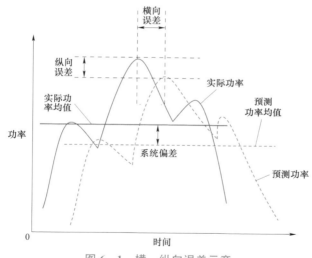

图 6-1 横、纵向误差示意

风电机组的叶轮从风中吸收能量并将其转化成风能

$$P = \frac{1}{2}\rho v^3 \pi R^2 C_p \qquad (6-3)$$

式中 P ——实际发电功率，W；

ρ ——空气密度，kg/m³；

v —— 风速，m/s；

R —— 叶轮扫风面的半径，m；

C_p —— 推力系数。

风电机组发电功率与风速的三次方成正比，受风速的影响很大。额定容量为 2000kW 的某型号风电机组功率曲线如图 6-2 所示。当风速小于切入风速（一般为 2.5m/s）时，风电机组发电功率为零，达到额定风速（一般为 10m/s）后风电机组保持额定功率，在风速介于切入风速和额定风速之间时，功率曲线斜率变化很大，此时较小的风速波动将会使风电机组功率产生很大的波动。当风电机组达到额定水平后，如果风速仍然增大，超过风电机组的切出风速（一般为 20m/s），风电机组将主动采取保护措施，此时风电机组将会切出，发电功率归零。

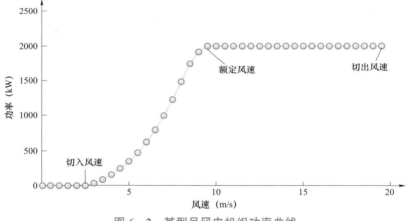

图 6-2　某型号风电机组功率曲线

风电机组功率曲线的这种非线性特性加剧了预测结果的不确定性。在切入风速以下和额定风速与切出风速之间，功率曲线斜率为零，对风速波动起抑制作用，使预测结果稳定性增强，但增大了误差幅值；在切入风速和额定风速之间，特别是在两者的中间范围，当风速微小变化时，发电功率都会产生很大的波动，此时功率曲线对风速波动起放大作用，使预测结果不确定性增加，但缩小了误差幅值。

我国华东地区某风电场 100m 处风速预测误差分布如图 6-3 所示。研究发现，风电功率预测误差不能由具体的概率密度函数界定，应采用非参数的方法，由误差数据本身决定其分布特性。由于风电场功率曲线的非线性转换，使预测误差分布失去正态分布特性，我国东北地区某风电场实际误差分布与正态分布对比如图 6-4 所示。此情况下，风电功率预测误差不再呈对称分布；左侧采用正态分布能够较好地拟合实际情况，但右侧数据性质与左侧发生了改变，拟合误差较大。采用经验分布函数对预测情况进行拟合，更符合实际情况。

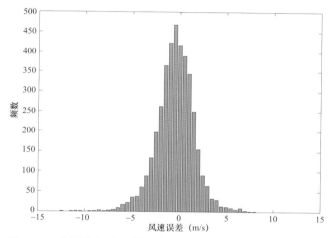

图 6-3　我国华东地区某风电场 100 m 处风速预测误差分布

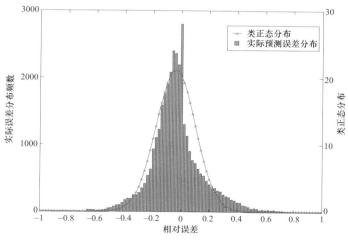

图 6-4　我国东北地区某风电场实际误差分布与正态分布对比

6.2 确定性预测结果评价方法

确定性预测结果评价针对确定性预测结果，包括对短期功率预测结果的评价和超短期功率预测结果的评价。短期功率预测和超短期功率预测的评价指标大体相同，仅在时间尺度上有所差别。

6.2.1 评价指标

根据国内外的相关标准，常用的确定性功率预测结果评价指标包括：均方根误差、准确率、合格率、平均绝对误差、相关系数、最大预测误差、极大误差率、95%分位数偏差率等。

（1）均方根误差。均方根误差（E_R）可用来评价预测误差的分散程度，从整体上评价风电发电功率预测系统的性能，其计算表达式为

$$E_R = \frac{1}{\sqrt{n}} \sqrt{\sum_{i=1}^{n} \left(\frac{P_{M,i} - P_{P,i}}{C_i} \right)^2} \qquad (6-4)$$

式中　C_i——i 时刻的开机容量，MW。

（2）准确率。准确率（C_R）通过均方根误差获得，其计算表达式为

$$C_R = 1 - \frac{1}{\sqrt{n}} \sqrt{\sum_{i=1}^{n} \left(\frac{P_{M,i} - P_{P,i}}{C_i} \right)^2} \qquad (6-5)$$

（3）合格率。合格率（Q_R）主要体现预测偏差对系统运行的影响，一般以装机容量的 25% 作为评判标准。合格率是预测结果在调度应用中可利用程度的重要参考指标，其计算表达式为

$$Q_R = \frac{1}{n} \sum_{i=1}^{n} B_i \times 100\%$$

$$B_i = \begin{cases} 1 & \dfrac{\left| P_{P,i} - P_{M,i} \right|}{C_i} < T \\ 0 & \dfrac{\left| P_{P,i} - P_{M,i} \right|}{C_i} \geq T \end{cases} \qquad (6-6)$$

式中　B_i——i 时刻预测绝对误差是否合格，若合格为 1，不合格为 0；

T——判定阈值，依各电网实际情况确定，一般不大于 0.25。

（4）平均绝对误差。平均绝对误差（E_M）与均方根误差相似，也可用于评价风电预测结果的整体误差状态，但平均绝对误差对影响较大的小概率大误差敏感性不强，导致实际应用中对风电调控运行的指导性不强，其计算表达式为

$$E_M = \frac{1}{n}\sum_{i=1}^{n}\left|\frac{P_{M,i}-P_{P,i}}{C_i}\right| \qquad (6-7)$$

（5）相关系数。相关系数（r）能够反应预测功率与实际功率波动趋势的相关程度，其计算表达式为

$$r = \frac{\sum_{i=1}^{n}\left[\left(P_{M,i}-\bar{P}_M\right)\left(P_{P,i}-\bar{P}_P\right)\right]}{\sqrt{\sum_{i=1}^{n}\left(P_{M,i}-\bar{P}_M\right)^2\sum_{i=1}^{n}\left(P_{P,i}-\bar{P}_P\right)^2}} \qquad (6-8)$$

（6）最大预测误差。最大预测误差（σ_{max}）主要反映功率预测单点的最大偏离情况，其计算表达式为

$$\sigma_{max} = \max\left\{|P_{M,i}-P_{P,i}|\right\} \qquad (6-9)$$

（7）极大误差率。极大误差率（E_{ex}）与最大预测误差同性，主要反映单点的极端偏离情况，其计算表达式为

$$E_{ex} = \max\left(\frac{|P_{M,i}-P_{P,i}|}{C_i}\right) \qquad (6-10)$$

（8）95%分位数偏差率。95%分位数偏差率包括 95%分位数正偏差率和 95%分位数负偏差率。95%分位数正偏差率指将评价时段内单点预测正偏差率由小到大排列，选取位于第 95%位置处的单点预测正偏差率，计算表达式为

$$\begin{cases} E_i = \dfrac{P_{P,i}-P_{M,i}}{C_i} \geqslant 0 & i=1,2,\cdots,n \\ E_j = sortp(E_i) & j=1,2,\cdots,n \\ P_{95p} = E_j & j=INT(0.95n) \end{cases} \qquad (6-11)$$

95%分位数负偏差率指将评价时段内单点预测负偏差率由大到小排列，选取位于第95%位置处的单点预测负偏差率，计算表达式为

$$\begin{cases} E_i = \dfrac{P_{P,i} - P_{M,i}}{C_i} \leqslant 0 & i = 1,2,\cdots,n' \\ E_j = sortn(E_i) & j = 1,2,\cdots,n' \\ P_{95n} = E_j & j = INT(0.95n') \end{cases} \quad (6-12)$$

式中　P_{95p}、P_{95n}——95%分位数正偏差率、负偏差率，其取值步长根据具体情况而定；

E_i——i 时刻预测偏差率；

E_j——排序后的单点预测偏差率；

$sortp$（·）——由小到大排序函数；

$sortn$（·）——由大到小排序函数；

INT（·）——取整函数；

n、n'——评价时段内的正偏差样本数量、负偏差样本数量，一般应不少于一年的同期数据样本。

6.2.2　实例分析

针对单个风电场和区域分别进行实例测算。

（1）风电场预测评价。以下为预测方法性能评价指标的相关说明。

1）分析单元：风电场。

2）分析目标：风电场功率预测精度水平。

3）分析数据：风电场实测功率数据、风电场预测功率数据。

4）分析对象：某省 5 个风电场。

5）对象选择原因：限电相对较少或不限电。

6）风电场选择原则：综合考虑风电场区域分布的代表性和评价时段的一致性。

对所选取的 5 个风电场的功率预测结果进行评价，以月为单位。实际工程应用中，主要参考指标为准确率 C_R，该指标统计结果数据及图示分别如表 6-1 和图 6-5 所示。

表 6-1　　　　　　　风电场功率预测准确率统计结果数据

序号	风电场名称	2013-01	2013-03	2013-05	2013-07	2013-09	2013-11
1	F1	0.825	0.723	0.593	0.535	0.780	0.772
2	F2	0.814	0.717	0.827	0.871	0.892	0.813
3	F3	0.773	0.690	0.517	0.687	0.825	0.749
4	F4	0.766	0.698	0.769	0.805	0.790	0.810
5	F5	0.800	0.744	0.760	0.797	0.849	0.703

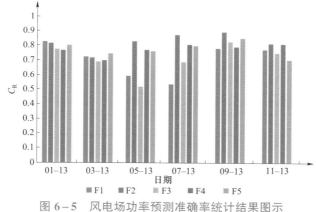

图 6-5　风电场功率预测准确率统计结果图示

由表 6-1 和图 6-5 可以看出，各风电场 C_R 统计结果主要分布于 0.7~0.8 之间，能够在一定程度上表征出不同风电场预测精度的差异。

（2）区域预测结果评价。以下为针对区域的预测方法性能评价指标相关说明。

1）分析单元：区域（省）。

2）分析目标：评价指标对区域级预测的性能。

3）分析数据：区域实测功率数据、区域预测功率数据。

4）分析对象：A、B、C、D、E、F 六个省（自治区）。

5）对象选择原因：考虑不同区域、不同情况和数据质量。

风电场功率预测评价用算例数据情况如表 6-2 所示。

表 6-2   风电场功率预测评价用算例数据情况

序号	省（自治区）	装机容量（MW）	统计起止时间	数据分辨率（min）
1	A	4178.8	2015.01 - 2015.06	15
2	B	6644.3	2015.01 - 2015.06	15
3	C	10 576.6	2015.01 - 2015.06	15
4	D	1613.5	2015.01 - 2015.06	15
5	E	6248.9	2015.01 - 2015.06	15
6	F	3409.1	2015.01 - 2015.06	15

以月为单位进行评价，区域风电功率预测结果的准确率统计数据和图示分别如表 6-3 和图 6-6 所示。

表 6-3   区域风电功率预测结果的准确率统计数据

序号	省（自治区）	2015-01	2015-02	2015-03	2015-04	2015-05	2015-06
1	A	0.919	0.911	0.874	0.871	0.856	0.909
2	B	0.887	0.845	0.854	0.867	0.84	0.881
3	C	0.857	0.823	0.814	0.819	0.842	0.84
4	D	0.862	0.801	0.931	0.927	0.908	0.934
5	E	0.901	0.911	0.873	0.86	0.88	0.91
6	F	0.879	0.887	0.87	0.864	0.875	0.907

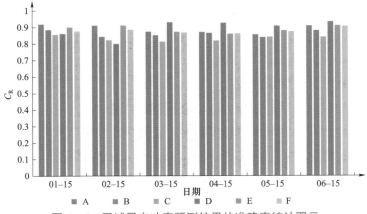

图 6-6   区域风电功率预测结果的准确率统计图示

由表 6 - 3 和图 6 - 6 可以看出，区域预测的准确率统计结果主要集中于 0.8～0.9 之间，能够体现不同预测性能。

6.3 概率预测结果评价方法

以误差带体现的概率预测和面向爬坡事件的概率预测表现特征不同，因而对其预测结果的评价方法也存在差异。

6.3.1 区间预测结果评价

误差带概率预测结果采用了分位数预测的表现形式。给出 α 分位数预测值的公式为

$$\hat{q}_i^{(\alpha)} = \hat{F}_i^{-1}(\alpha) \qquad (6-13)$$

式中　$\hat{F}_i$——对真实累积分布函数 F_i 的估计。

对于某一个观测值 y_i，其分位数预测集合 $\hat{f}_i$ 的表示形式为

$$\hat{f}_i = \left\{ \hat{q}_i^{(\alpha_k)}, k=1,\cdots,m \,\middle|\, 0 \leq \alpha_1 < \alpha_2 < \cdots < \alpha_m \leq 1 \right\} \qquad (6-14)$$

根据置信度水平要求，可取 $\{\alpha\} = \{0.05, 0.1, 0.15, \cdots, 0.85, 0.90, 0.95\}$ 等不同的分位数集合。

（1）可靠度。可靠度是对概率预测结果的首要要求，例如，对于给定的 90%置信度对应的预测区间，要求实际观测值落入其中的概率也应该为 90%。分位数预测 $\hat{q}^{(\alpha)}$ 的可靠度 $R_{el}^{(\alpha)}$ 为

$$R_{el}^{(\alpha)} = \overline{\xi}^{(\alpha)} = \frac{1}{N} \sum_{i=1}^{N} \xi_i^{(\alpha)} \qquad (6-15)$$

$$\xi_i^{(\alpha)} = \begin{cases} 1 & y_i < \hat{q}_i^{(\alpha)} \\ 0 & \text{其他} \end{cases} \qquad (6-16)$$

式中　y_i——观测值；

N——用于测试的观测值数据个数。

为清楚地反映可靠度的偏离情况，引入了对应 α 的可靠度偏差（bias of reliability）为

$$b^{(\alpha)} = R_{\text{el}}^{(\alpha)} - \alpha \tag{6-17}$$

（2）锐度。锐度反映了概率预测分布的集中程度，通常采用预测区间的平均宽度来衡量，在给定可靠程度下的预测区间，预测区间越窄，概率预测的质量越好，$1-\beta$ 置信度下计算的锐度 $S_{\text{hp}}^{(\beta)}$ 为

$$S_{\text{hp}}^{(\beta)} = \overline{\delta}^{(\beta)} = \frac{1}{N}\sum_{i=1}^{N}\delta_i^{(\beta)} \tag{6-18}$$

$$\delta_i^{(\beta)} = \hat{q}_i^{(1-\beta/2)} - \hat{q}_i^{(\beta/2)} \tag{6-19}$$

对于分位数预测集合，可以针对不同的 β 值，进一步取平均。

（3）分辨率。分位数预测的另一个重要的质量要求是给出的预测区间能根据不同的误差情形调整区间宽度，一个分辨率高的区间预测具有区分低不确定性预测和高不确定性预测的能力。常用 $1-\beta$ 置信度预测区间宽度的标准差来衡量这一指标 $R_{\text{es}}^{(\beta)}$。

$$R_{\text{es}}^{(\beta)} = \sqrt{\frac{1}{N-1}\left(\delta_i^{(\beta)} - \overline{\delta}^{(\beta)}\right)^2} \tag{6-20}$$

对于分位数预测集合，同样可以针对不同的 β 值，进一步取平均。

（4）技巧分数。最佳的区间预测结果是在满足置信度水平要求的前提下，区间宽度最小。因此，区间预测结果的性能评价不能仅仅依靠置信度水平或区间宽度的单一指标，而需将两者综合考虑。技巧分数（skill score）作为一种客观的评估区间预测（分位数预测）的方法得到了广泛应用。技巧分数 S_{S} 的计算公式如下

$$S_{\text{S}} = E(S_{\text{S},i}) = \frac{1}{N}\sum_{i=1}^{N}\sum_{k=1}^{m}\left(\xi_i^{(\alpha_k)} - \alpha_k\right)\left(y_i - \hat{q}_i^{(\alpha_k)}\right) \tag{6-21}$$

$$S_{\text{S},i} = \sum_{k=1}^{m}\left(\xi_i^{(\alpha_k)} - \alpha_k\right)\left(y_i - \hat{q}_i^{(\alpha_k)}\right) \tag{6-22}$$

式中　y_i——观测值 $i=1,\cdots,N$，对应的分位数预测集合为 $\left\{\hat{q}_i^{(\alpha_k)} \mid k=1,\cdots,m\right\}$；

　　$\xi_i^{(\alpha_k)}$——示性函数。

为更好地理解技巧分数的含义，以某一观测值 y_i 的技巧分数 $S_{\text{S},i}$ 为例进行分析，区间预测的上下区间分别为，$\hat{q}_i^{(1-\beta/2)}$，$\hat{q}_i^{(\beta/2)}$。

$$S_{S,i} = \left[\xi_i^{(1-\beta/2)} - \left(1 - \frac{\beta}{2}\right) \right]\left(y_i - \hat{q}_i^{(1-\beta/2)}\right) + \left(\xi_i^{(\beta/2)} - \frac{\beta}{2}\right)\left(y_i - \hat{q}_i^{(\beta/2)}\right) \quad (6-23)$$

当观测值 y_i 落在预测区间之中时，$\xi_i^{(1-\beta/2)} = 0, \xi_i^{(\beta/2)} = 1$，代入到式（6−23）中化简得到

$$\begin{aligned} S_{S,i} &= -\left(1 - \frac{\beta}{2}\right)\left(\hat{q}_i^{(1-\beta/2)} - \hat{q}_i^{(\beta/2)}\right) \\ &= -\left(1 - \frac{\beta}{2}\right)W_{d,i}^{(\beta)} \end{aligned} \quad (6-24)$$

由式（6−24）可知在这种情况下，技巧分数只与相应的区间宽度 $W_{d,i}^{(\beta)}$ 有关，宽度越窄，分数越高。

当观测值 y_i 落在预测区间之外时，以落在预测区间上侧为例（下侧与此相似），此时 $\xi_i^{(1-\beta/2)} = 1, \xi_i^{(\beta/2)} = 0$，代入到式（6−24）中化简得到

$$\begin{aligned} S_{S,i} &= -\left(1 - \frac{\beta}{2}\right)\left(\hat{q}_i^{(1-\beta/2)} - \hat{q}_i^{(\beta/2)}\right) - \left(y_i - \hat{q}_i^{(1-\beta/2)}\right) \\ &= -\left(1 - \frac{\beta}{2}\right)W_{d,i}^{(\beta)} - D_{ev,i} \end{aligned} \quad (6-25)$$

由式（6−25）可知在这种情况下，技巧分数与相应的区间宽度 $W_{d,i}^{(\beta)}$ 和观测值偏离预测区间右边界的距离 $D_{ev,i}$ 均有关系，当偏离小且宽度小的时候技巧分数高。

当然，预测结果并不是单单看一个 y_i 对应的 $S_{S,i}$ 就可下定论，而是要检验足够大的数据样本，通过求取平均的技巧分数来判断预测质量的好坏。

打分函数并不止技巧分数一种。例如，CRPS（continuous ranked probability score）函数和 IS（ignorance score）函数都是"严格真"的打分函数，也有着广泛的应用。然而这两者都需要区间预测结果为连续的完整概率分布的形式，当概率预测的解析式较为简单时可以直接使用，而采用非参数形式的分位数区间预测时，这两个打分函数都不方便，因此并不采用。

6.3.2 爬坡事件预测结果评价

在当前已有的研究中，风电爬坡事件的预测方法按其建模对象可大致分为两类：① 针对二值爬坡状态的预测；② 针对爬坡过程的预测。前

者将爬坡事件视为两个状态的离散变量，使用事件状态对爬坡事件是否发生进行预警。后者将爬坡幅值、爬坡率等爬坡特征视作连续变量，对这些特征量的预测结果量化了临近爬坡事件的严重程度。两类预测方法在预测结果的呈现形式上存在很大差异，故其相应的预测结果评价方法也有所不同。

6.3.2.1 二值爬坡状态预测结果的评价

风电爬坡事件的预测结果评价中，常要求预测结果具备两方面属性：全面性和准确性。全面性即指预测模型对于实际功率序列中爬坡事件发生的敏锐度，反映预测模型对于事件发生的有效捕获能力。准确性是指爬坡事件的预测结果与实际结果间的一致程度。全面性与准确性在一定程度上不可兼顾，对全面性的过高要求可能将非爬坡事件误诊为爬坡事件，导致准确性降低；而过高的准确性要求可能导致大量真正爬坡事件的遗漏，从而无法保证预测结果的全面性。

（1）确定性二值爬坡状态预测结果的评价。确定性二值爬坡状态预测共有四类结果，如表 6－4 所示，分别是 TP（事件预测发生且实际发生）、FP（事件预测发生而实际不发生）、FN（事件预测不发生而实际发生）、TN（事件预测不发生且实际不发生）。其中 TP、TN 两类结果预测与实际情况相符，预测正确；而 FP、FN 两类结果预测与实际不符，分别称为误报和漏报。

表 6－4　　　　　　　　　确定性二值爬坡状态预测结果

事件预测结果	事件观察结果	
	发生	不发生
发生	TP（正确预测发生）	FP（误报）
不发生	FN（漏报）	TN（正确预测不发生）

根据四种结果所表达的不同含义，可建立描述事件预测全面性或准确性的指标。其中 N_{TP}、N_{FP}、N_{FN}、N_{TN} 分别表示符合 TP、FP、FN、TN 四种预测结果的预测次数。

查准率 F_A 如式（6－26）所示，描述事件预测的准确性，即预测结果为发生，且观测结果也为发生，体现预测准确的概率；与之对应有误报率 F，如式（6－27）所示。

$$F_A = \frac{N_{TP}}{N_{TP} + N_{FP}} \qquad (6-26)$$

$$F = 1 - F_A \qquad (6-27)$$

查全率 R_C 如式（6－28）所示，描述事件预测的全面性，表示对实际发生的事件预测准确的概率。

$$R_C = \frac{N_{TP}}{N_{TP} + N_{FN}} \qquad (6-28)$$

关键成功指数 C_{SI} 如式（6－29）所示，表示预测结果的准确程度，其值为 1 时预测结果全部有效。

$$C_{SI} = \frac{N_{TP}}{N_{TP} + N_{FP} + N_{FN}} \qquad (6-29)$$

除了以上四种常用指标外，频率偏差评分 F_S、Peirce 评分 P_{SS}、预测准确率 A_{CC}、误差率 E_{RR} 分别如式（6－30）～式（6－33）所示，这些指标也可评价二值爬坡状态预测结果的精度。

$$F_S = \frac{N_{TP} + N_{FP}}{N_{TP} + N_{FN}} \qquad (6-30)$$

$$P_{SS} = \frac{N_{TP}N_{TN} - N_{FP}N_{FN}}{(N_{TP} + N_{FN})(N_{FP} + N_{TN})} \qquad (6-31)$$

$$A_{CC} = \frac{N_{TP} + N_{TN}}{N_{TP} + N_{FN} + N_{FP} + N_{TN}} \qquad (6-32)$$

$$E_{RR} = 1 - A_{CC} \qquad (6-33)$$

预测准确率 A_{CC} 表示进行的所有预测中，准确预测未来爬坡事件状态的概率；与之对应，误差率 E_{RR} 表示未能准确预测未来爬坡事件状态的概率。

（2）概率性二值爬坡状态预测结果的评价。概率性二值爬坡状态预测使用概率值的大小来量化临近爬坡事件发生的可能性，其预测结果不再为二进制数值，而是通过一个在 [0，1] 区间内取值的概率值来表征未来时刻爬坡事件发生的概率。

布里耶得分（Brier score，BS）可评价二值爬坡状态预测结果的准确性。

$$B_S = \frac{1}{N}\sum_{i=1}^{n}(p_i - r_i)^2 \qquad (6-34)$$

式中　B_s——布里耶得分，该项指标的得分越小，预测结果便越精确；

　　　N——预测总次数；

　　　p_i——每次预测的爬坡事件发生的概率，$p_i \in [0,1]$；

　　　r_i——对应于每次预测的爬坡事件的观测状态（事件发生为 1，不发生为 0）。

6.3.2.2　爬坡过程预测结果评价

风电功率爬坡事件过程的预测与风电功率确定性预测具有相似性，二者均将各自的建模对象（即爬坡特征量与功率）视为连续变量，在模型预测性能评价中量化确定性预测结果与实际观测值之间的差异。因此，多数确定性预测的评价指标（如平均绝对误差、均方根误差等）也得以延用至爬坡过程序列预测结果的评价中。然而，上述确定性预测评价指标并不能准确描述爬坡事件具备的部分特征，如时间滞后程度和爬坡捕获程度。因此，针对预测结果中爬坡特征量的评价也提出了一些新的指标，以提高对爬坡事件预测效果评价的准确性。

爬坡时刻是描述爬坡事件的一个重要特征。对于爬坡事件的间接预测法，在预测的功率时间序列中，识别出的爬坡事件的时间滞后（或超前）现象时有发生，因此需要通过定量描述实际观测功率序列与预测功率序列之间的时间校准程度来评价横向预测精度。有学者提出利用时间扭曲指数（temporal distortion index，TDI）将爬坡时刻预测误差分为两部分：① 横向误差；② 幅度误差。通过建立式（6-35）所示的整体成本函数 w 来寻找对于测试序列 T_i 与参考序列 R_j 之间的对应关系。

$$w = \{(i_1, j_1), (i_2, j_2), \cdots, (i_N, j_N)\} \qquad (6-35)$$

$$T_{DI} = \frac{1}{N^2}\sum_{l=1}^{N-1}\left|(i_{l+1}-i_l)i_{l+1} + i_l - j_{l+1} - j_l\right| \qquad (6-36)$$

式中　(i,j)——测试序列 T_i 中第 i 个元素与参考序列 R_j 中第 j 个元素之间的局部距离；

N——样本容量。

TDI 的提出有效解决了时间特征描述的难题，实现了对不同功率序列横向误差的量化表达。在此基础上提出的综合时间扭曲指数（temporal distortion mix，TDM）也能够有效反映时间序列的超前与滞后，用 T_{DM} 表示综合时间扭曲指数，其计算过程如式（6-37）～式（6-41）所示。

$$T_{DM} = 1 - 2A_{dv} = 2L_{ate} - 1 \qquad (6-37)$$

$$A_d = \frac{T_{ad}}{T_{DI}} \qquad (6-38)$$

$$L_a = \frac{T_{la}}{T_{DI}} \qquad (6-39)$$

$$T_{ad} = \frac{1}{N^2} \sum_{\substack{l=1 \\ i_l \geqslant j_l \\ i_{l+1} \geqslant j_{l+1}}}^{k-1} \left| (i_{l+1} - i_l)(i_{l+1} + i_l - j_{l+1} - j_l) \right| \qquad (6-40)$$

$$T_{la} = \frac{1}{N^2} \sum_{\substack{l=1 \\ i_l \leqslant j_l \\ i_{l+1} \leqslant j_{l+1}}}^{k-1} \left| (i_{l+1} - i_l)(i_{l+1} + i_l - j_{l+1} - j_l) \right| \qquad (6-41)$$

式中　A_d 与 L_a——超前与滞后部分所占比例；

T_{ad} 与 T_{la}——由于超前与滞后所导致的 TDI。

另外，基于 Swinging Door 算法，通过设定开度 $\in$ 的取值调整对爬坡事件的敏感程度，以爬坡得分 S_{ra} 指标来评价爬坡幅值的预测精度，可体现预测结果的爬坡捕获程度，定义为

$$S_{ra} = \frac{1}{t_{max} - t_{min}} \int_{t_{min}}^{t_{max}} \left| S_D[T(t)] - S_D[R(t)] \right| dt \qquad (6-42)$$

式中　t_{min} 和 t_{max}——事件发生的起止时间；

S_D——经 Swinging Door 算法处理后的该时刻的爬坡斜率；

$T(t)$ 与 $R(t)$——t 时刻测试序列与参考序列的值。

6.3.3　实例分析

采用 6.3.1 的区间预测评价指标，对 5.3.4 中的算例结果进行评价。可靠度、锐度、分辨率、技巧分数四个指标的结果分别如表 6-5～表 6-8

所示。

表 6-5   可 靠 度 指 标 结 果

置信度区间（%）	95	90	85	80
可靠度（单一风电场）	0.0033	0.0153	0.0222	0.0323
可靠度（五个风电场）	-0.0070	-0.0063	-0.0055	-0.0013

表 6-6   锐 度 指 标 结 果

置信度区间（%）	95	90	85	80
锐度（单一风电场）	0.5199	0.4393	0.3924	0.3525
锐度（五个风电场）	0.4339	0.3667	0.3216	0.2869

表 6-7   分 辨 率 指 标 结 果

置信度区间（%）	95	90	85	80
分辨率（单一风电场）	0.2437	0.2334	0.2187	0.2028
分辨率（五个风电场）	0.1736	0.1552	0.1413	0.1297

表 6-8   技巧分数指标的结果

	单一风电场	五个风电场
平均技巧分数	-0.1916	-0.1498

表 6-5～表 6-8 分别给出了 5.3.4 节中算例在可靠度、锐度、分辨率以及技巧分数对比的统计数值。从可靠度统计值可以看到多场站情况下可靠度偏差微小，而单一风场在 80% 和 85% 预测区间呈现较大偏差值。锐度方面由于多场站情况下预测不确定性低，所以预测区间普遍比单一场站的窄。分辨率方面多场站波动较平滑，单一风电场波动剧烈。总体评价指标的平均技巧分数给予了多场站情景更高的技巧分数评分，反映了这一情况下更好的概率预测质量。可以看出，区间预测结果评价指标能够表征出区间预测结果的优劣。

第 7 章

风力发电功率预测系统及应用

风电功率预测是应对随机波动的风电大规模并网的有效技术手段之一，风电功率预测系统作为风电功率预测的具体载体，是支撑风电调控运行的基础，在世界范围内获得了广泛应用。

7.1 风力发电功率预测系统技术要求

（1）预测时间尺度要求。电力系统是一个实时平衡的复杂非线性动态系统，风电功率的随机性、间歇性给电力平衡带来了新的挑战，风电功率预测是应对挑战的有效手段。风电功率预测主要用于发电计划的制订及滚动修正，根据《风电功率预测系统功能规范》（NB/T 31046—2013）的要求，目前我国短期风电功率预测的时间尺度为 0～72h，主要用于发电计划的制订等；超短期功率预测的时间尺度为 0～4h，主要用于发电计划的实时调整，不同时间尺度的预测一般要求采用不同的预测方法。

（2）系统功能要求。风电功率预测系统可安装在风电场和电力调控中心，实现 0～72h 的短期功率预测、0～4h 的超短期功率预测，具有预测结果显示、误差带预测以及统计分析等基本功能。风电场的预测系统可实现对本风电场的功率预测，电力调控中心的功率预测系统以单个风电场为基本预测单元，可实现对调管辖区内所有风电场的功率预测。

（3）主要技术性能要求。风电功率预测系统应具备短期和超短期预测功能，其中短期预测每日执行至少一次，预测时长为 72h，时间分辨率为

15min；超短期预测为每 15min 执行一次，预测时长为 4h，时间分辨率为 15min。根据《风电功率预测系统功能规范》的要求，单个风电场在非受限时段❶的短期预测月度均方根误差应小于 20%，超短期预测第四小时结果的月度均方根误差应小于 15%；短期预测的月度合格率应大于 80%，超短期预测的月度合格率应大于 85%，系统的月度可用率❷应大于 99%。

7.2 风力发电功率预测系统构成

7.2.1 软件构成

风电功率预测系统软件包括数据采集单元、数据存储单元、中心处理单元和数据输出单元等，其中数据采集单元负责 NWP 数据、实时气象数据和风电运行数据的收集、处理；数据存储单元负责所有数据的筛选、整理和存储；中心处理单元完成短期和超短期功率预测及其误差带预测功能；数据输出单元完成数据的查询、展示、统计分析、输入输出等功能。风电功率预测系统软件结构如图 7-1 所示。

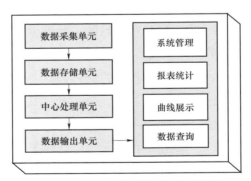

图 7-1　风电功率预测系统软件结构

风电功率预测系统软件模块如图 7-2 所示。以下为各软件模块功能。

（1）预测系统数据库：预测系统的数据中心，各软件模块均通过系统

---

❶ 风电场处于自然发电状态的时段。

❷ 正常运行时长占理论总时长的比例。

数据库完成数据的交互。系统数据库存储来自 NWP 处理模块的 NWP 数据、预测程序产生的预测结果数据和 EMS 系统接口程序采集的风电场实时发电功率数据等。

（2）NWP 处理模块：从 NWP 服务商的服务器下载 NWP 数据，经过处理后形成待预测风电场预测时段的 NWP 数据，并存入预测系统数据库。

（3）预测模块：从系统数据库中取出 NWP 数据，并输入预测模型，计算出风电场的预测结果，并将预测结果送回系统数据库。

（4）EMS 系统接口模块：将各风电场的实时发电功率数据传送到系统数据库中，同时将预测结果从系统数据库上取出，发送给其他调度应用。

（5）图形用户界面模块：与用户交互，完成数据及曲线显示、系统管理及维护等功能。

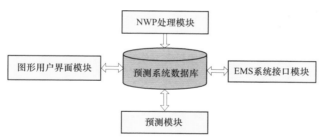

图 7-2　风电功率预测系统软件模块

7.2.2　硬件构成

风电功率预测系统硬件是系统软件运行的载体，一般包括气象数据处理服务器、系统应用服务器、网络安全隔离装置和人机工作站等。为了保证场站侧和调度侧功率预测系统的协调运行，电网调控机构的风电功率预测系统还应包括与风电场的数据交互服务器。气象数据处理服务器一般部署于因特网（Internet），用于接收 NWP 数据和部分实时气象数据，系统应用服务器运行于电力调度数据网安全区Ⅱ，用于部署预测系统软件主程序，安全隔离装置部署于气象数据处理服务器和系统应用服务器之间，保证数据跨安全区传输的安全性。风电功率预测系统硬件网络拓扑结构如图 7-3 所示。

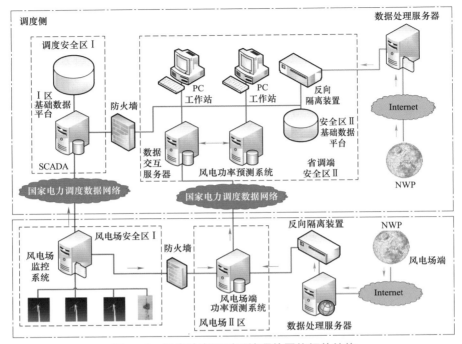

图7-3 风电功率预测系统硬件网络拓扑结构

系统配置需满足电网调控机构的安全性规定，能够长期稳定运行，各服务器之间、服务器与基础数据平台之间通信快捷顺畅，接口齐全规范，终端页面美观友好，易于操作，响应速度不应超过1s。

系统整体由以下设备组成：① NWP 处理服务器；② 系统应用服务器（需冗余配置）；③ 系统 Web 服务器；④ 正向和反向物理隔离装置；⑤ 防火墙；⑥ PC 工作站；⑦ 网络设备及其他附属设备。

7.3 我国风力发电功率预测应用情况

我国风电功率预测技术研究起步较晚，但经过近年来的发展，风电功率预测系统已实现风电场、电力调控机构的全覆盖。

7.3.1 风电场侧应用情况

根据国家能源局文件《国家能源局关于印发风电场功率预测预报管理

暂行办法的通知》（国能新能〔2011〕177 号）的要求，所有并网运行的风电场均应具备风电功率预测预报的能力，并按要求开展风电功率预测预报系统的建设，同时要求电网调控机构对风电场功率预测结果进行考核。在国家能源局政策的引导下，我国风电功率预测系统已实现风电场、电力调控机构的全覆盖，降低了风电功率的不确定性，支撑了风电的友好接入，促进了风电的健康发展。同时，在此技术需求下，我国风电功率预测技术步入蓬勃发展期，涌现了上百家风电功率预测服务商，社会效益显著。

风电场侧风电功率预测系统以本场发电功率为预测对象，具备超短期预测和短期预测能力，并能够实现预测结果向调度侧风电功率预测系统的自动报送。风电场侧风电功率预测系统的功能根据风电场业务的需求存在差异，但输入和输出接口大体相同。以下为输入接口。

（1）实时功率采集接口。从风电场监控系统实时接入实际发电功率数据，数据采集周期一般为 5min。

（2）NWP 数据接口。NWP 服务器位于 Internet，定时由指定的文件传输协议（file transfer protocol，FTP）下载 NWP 数据，并通过反向隔离装置以 E 语言的格式传送至位于安全区 II 的预测服务器。

（3）实时气象数据接口。实时气象数据通过光纤或可靠的传输方式实时传送至监控系统，经过处理传送至安全 II 区的系统应用服务器。数据包括风速、风向、环境温度、相对湿度、气压等，数据的采集周期一般为 5min。

（4）开机容量接口。为了保证系统的运行效果，系统一般需配备专人维护，定时输入次日的 96 点预计开机容量，用以修正预测结果。

（5）装机容量接口。风电场装机容量出现变更时，需通过该接口手动更新装机容量，以保证系统的预测效果。

风电场侧功率预测系统需要与电网侧功率预测系统进行数据交互，具备以下输出接口。

（1）短期预测功率及预计开机容量。

1）每日上报一次。

2）功率为次日 0:00 起至未来 72h 的 288 点短期预测功率，单位为 MW，时间间隔 15min。

3）数据包含风电场 ID、时标（预测时间）、预测功率和开机容量等。

（2）超短期预测功率。

1）每 15min 上报一次。

2）功率为未来 15min 至 4h 的 16 点超短期预测功率，单位为 MW，时间间隔 15min。

3）数据包含风电场 ID、时标（预测时间）和预测功率等。

（3）实测气象数据。

1）每 5min 上报一次当前时刻的采集数据。

2）数据包括风电场 ID、时标、气象要素（风速、环境温度）等信息。

（4）实时开机容量。

1）每 15min 上报一次。

2）开机容量为当前正常运行机组的总容量，单位为 MW。

3）数据包含风电场 ID、时标和开机容量等。

7.3.2　电网侧应用情况

我国第一套风电功率预测系统于 2008 年在吉林省电力有限公司电力调度控制中心上线运行。2012 年后，我国所有省级电网调度控制机构均完成了风电功率预测系统建设，山东省风电功率预测系统界面截图如图 7-4 所示。

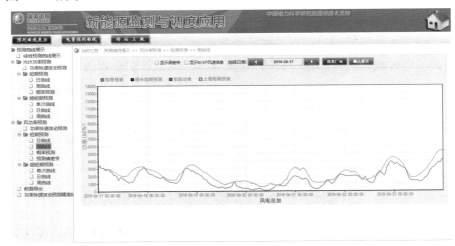

图 7-4　某省早期风电功率预测系统界面截图

电网侧风电功率预测系统具备 0～72h 的短期功率预测能力和 0～4h 超短期滚动预测能力，其中短期预测方面，随着预测技术的发展，目前的短期功率预测时间尺度已能拓展至 7 日，但预测精度还不能较好地满足应用要求，仅能提供趋势性参考。

电网侧风电功率预测系统具备实时发电状态监视功能、预测和实际功率曲线展示功能、气象信息展示功能、高级分析功能和系统配置功能等，此外，还具备对场站侧风电功率预测结果的接收、管理和评价等功能。

电网侧风电功率预测系统以调管区域内所有风电的总功率为预测对象。我国电网侧风电功率预测系统的预测技术路线有别于欧美等国，主要是我国风电采用集中式开发为主，针对风电场的信息采集较为完善，可通过单个风电场的预测总加（即所有风电场预测结果加和）实现区域总功率的预测。而欧美等国还存在一定体量的分散式风电，其主要接入配电网，对输电网运营商而言，无法实现分散式发电信息的实时采集，在此背景下，其电网侧风电功率预测系统给出的区域风电功率预测结果还包含对分散式风电功率的预估偏差。

我国电网侧风电功率预测系统可实现全省风电未来 0～4h 的超短期功率预测和 0～72h 的短期功率预测。其中，短期功率预测每日更新 2 次，电力调度控制机构依据短期功率预测结果，在保障系统安全的前提下，制订次日 0:00～24:00 的发电计划，实现风电的最大化消纳；超短期功率预测采用滚动预测形式，每 15min 预测滚动一次，预测精度一般较短期预测高，电力调度控制机构依据超短期功率预测结果，对日前发电计划进行实时调整，实现系统安全与风电消纳的平衡。

从预测结果的性能来看，超短期功率预测方面，我国风电第 15min 的超短期功率预测绝对偏差大部分在 3%以内，极端情况在 10%左右，绝对偏差大于 3%的占比在 5%左右；短期功率预测方面，我国风电短期功率预测的绝对偏差大部分在 15%以内。根据运行统计，我国风电短期功率预测误差主要有以下特点。

（1）短期功率预测误差主要在 6%～18%之间，存在高于 15%预测误差的主要原因是我国地形复杂、气候类型多样，风能资源的可预测性较低。

（2）极大误差发生概率较低，大部分预测结果基本可用。华东、华北、东北和西北某些省（自治区）的绝对误差大于装机容量10%和20%的比例分别为40%和10%。若以装机容量的30%作为极大误差的阈值，极大误差出现的比例约为3%，发生概率较低。

（3）高峰、低谷时段预测误差水平与整体误差水平大体相当。高峰、低谷时段的风电功率水平是风电调度计划制订时考虑的关键因素，高峰、低谷时段风电功率预测精度越高，风电调度计划编制越合理，越有利于风电消纳。总体来看，影响调度计划制订的高峰和低谷时段的预测误差与整体误差特性基本一致，误差水平大体相同。

（4）极大误差主要发生在大风期内的大风过程中。误差大于30%的较大偏差主要出现在大风期，发生概率为75%～80%，出现在小风期的概率为20%～25%，大误差出现概率总体呈现大风期大、小风期小的分布规律，在小风期内出现较大风速过程，也存在出现大误差的可能性。

（5）地貌和气候复杂地区预测精度低。从各省（自治区）预测精度对比情况看，我国风电功率预测精度呈现东高西低，南高北低的特点。东南沿海地区气候和地形较为单一，预测精度最高，预测误差约为5%～10%；东北地区次之，预测误差约为7%～13%；西北地区地形复杂，气候类型多样，预测精度整体偏低，预测误差约为10%～18%。

7.4　国外风力发电功率预测应用情况

7.4.1　电网侧应用情况

在国外电力市场环境下，风电功率预测的作用越来越重要，预测精度的高低不仅对电力系统安全稳定运行造成影响，还会影响所有市场参与者的经济收益。对于输电系统运营商（transmission system operator，TSO）而言，风电功率预测的作用主要体现在以下方面。

（1）根据预测结果确定备用市场中需要购买的备用容量，预测精度影响备用容量的需求评估和竞价。

（2）实时市场中，根据每 5min 更新的预测结果在市场中买进或卖出风电的差额电量；实时滚动的预测结果对于保持电力系统的稳定运行意义重大，并影响市场其他参与者的经济效益，因为被售出或买入的电量均需由发电企业承担费用。

以丹麦和西班牙为例，TSO 作为电网侧，在风电功率预测方面所做的工作和相应职责如下。

（1）丹麦 TSO。丹麦国家电网公司（Energinet.dk）负责电力传输，主要任务是保证丹麦电力系统的安全运行。

丹麦国家电网公司作为电网层对风电功率进行预测，其预测工具主要分为内部预测工具和外部预测工具。外部预测主要包括时间尺度为 0～12h、分辨率为 5min 的预测和 0～48h、分辨率为 1h 的预测，预测都结合四个不同的 NWP 结果；内部预测主要包括 0～6h 的短期预测和 12～36h 的日前预测，预测结合三个不同的天气预报结果。

（2）西班牙 TSO。西班牙国家电网公司（Red Eléctrica de España，REE）是西班牙的输电系统运营商，所辖电网与法国、葡萄牙、摩洛哥电网相连。西班牙电网 2011 年风电的装机占总装机的 21.3%。西班牙国家电网公司主控中心如图 7-5 所示。

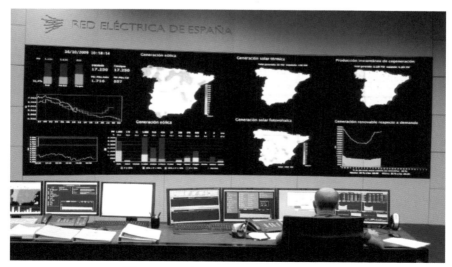

图 7-5 西班牙国家电网公司主控中心

西班牙国家电网公司作为调度端对风电功率进行预测，除了其本身研究相应的预测方法，还另外购买了三套风电功率预测系统，通过对四套系统加权的方法得到精度较高的预测结果，以保证电网稳定、精确地运行。

7.4.2 风电场侧应用情况

对于风电企业而言，风电功率预测是风电企业参与电力市场的基础条件，其短期预测、超短期滚动预测对于确定每小时发电计划、市场竞价以及功率差额所需支付的费用有着完全直接的关系，以下为其主要作用。

（1）日前市场中，风电企业根据短期预测结果参与市场竞价，预测结果的好坏直接影响次日 24h 逐点的电量与竞价；若日前市场预测精度差将需要在日内市场中付出较为昂贵的代价来补偿。

（2）日内市场中，根据超短期预测结果不断修正短期预测结果并调整日前市场中的每小时计划电量，预测精度越高，在日内市场中需要买进或卖出的差额电量越少，所支付的费用也越少。此外，日内市场调整后的每小时风电计划出力与实际出力越接近，在实时市场中需要 TSO 调整的电量越少，风电企业需要支付的费用也越少。

总之，在电力市场环境下，风电功率预测的精度可以完全决定风电企业的经济收益，是风电参与电力市场最为重要的技术手段。

以丹麦最大的能源公司 DONG 能源公司为例，作为风电场企业，在风电功率预测方面具有以下工作和职责。

DONG 能源公司主营业务包括石油、天然气、风能等。该公司旗下的多个常规电厂与风电场共同参与电力市场。该公司参与备用市场、日前市场、日内市场和实时市场四类市场，除了购买相应的风电功率预测产品外，还根据自身情况对风电功率预测进行研究，并对相应预测产品进行优化。DONG 能源公司将预测结果用于参与市场竞价和确定风电及其他电能（如生物发电、煤电、燃油、燃气电厂）的发电比例，并将通过市场确定的发电计划上报给丹麦国家电网，实际发电量必须与上报的发电计划一致，否则将承担计划电量与实际电量之间的差异所带来的经济损失。

在备用市场中，发电量和电价作为保险产品在市场上交易。DONG 能源公司进行月、年及以上的中长期风电功率预测，主要用于对未来风能资源状况有更好的判断，其结果可作为中长期市场交易的参考。

在日前市场中，该公司对次日 24h 的风电功率进行预测，其结果作为日前市场交易的参考。

在日内市场中，风电超短期功率预测主要用于调整发电计划，应对突发情况，如风暴、突然断电，以及雾和霜导致的风机轮毂结冰。并将所产生的变化情况与丹麦国家调度中心进行协商，及时调整发电计划，以便于将经济损失降至最低。

参 考 文 献

[1] ERI – NDRC. China wind energy development roadmap 2050 [R]. 2012.

[2] PINSON P. Forecasting wind power generation [M]. Denmark：Taylor & Francis，2013.

[3] 王伟胜，冯双磊，杨明，等. 中国电机工程学会专题技术报告 2018 年——新能源发电功率预测技术 [R]. 北京：中国电力出版社，2018.

[4] PINSON P. Wind energy：forecasting challenges for its operational management [J]. Statistics，2013，28（4）：564 – 585.

[5] 丁明，张超，王勃，等. 基于功率波动过程的风电功率短期预测及误差修正[J]. 电力系统自动化，2019，43（3）：2 – 12.

[6] 王勃，刘纯，冯双磊，等. 基于集群划分的短期风电功率预测方法 [J]. 高电压技术，2018，44（4）：1254 – 1260.

[7] 姜文玲，王勃，汪宁渤，等. 基于风速衰减因子法的大型风电场尾流效应模拟方法研究 [J]. 电网技术，2017，41（11）：3499 – 3505.

[8] 高国栋，陆渝蓉. 气象学 [M]. 北京：气象出版社，1990.

[9] 周淑贞. 气象学与气候学 [M]. 北京：高等教育出版社，1997.

[10] 江滢，宋丽莉，辛渝. 我国风能资源的形成机理 [J]. 风能，2012（8）：60 – 64.

[11] 王澄海. 大气数值模式及模拟 [M]. 北京：气象出版社，2011.

[12] BAUER P，THORPE A，BRUNET G. The quiet revolution of numerical weather prediction [J]. Nature，2015，525（7567）：47 – 55.

[13] SONG Zongpeng，HU Fei，LIU Yujue，et al. A numerical verification of self-similar multiplicative theory for small-scale atmospheric turbulent convection [J]. Atmospheric and Oceanic Science Letters，2014，7（2）：98 – 102.

[14] GIEBEL G，BROWNSWORD R，KARINIOTAKIS G，et al. The state-of-the-art in short-term prediction of wind power: a literature overview[R]. ANEMOS. plus，2011.

[15] 徐曼，乔颖，鲁宗相. 短期风电功率预测误差综合评价方法 [J]. 电力系统自动

化. 2011, 35（12）：20-26.

[16] 彭小圣, 樊闻翰, 王勃, 等. 基于改进空间资源匹配法的风电集群功率预测技术
[J]. 电力建设. 2017, 38（07）：10-17.

[17] 姜文玲, 王勃, 汪宁渤, 等. 多时空尺度下大型风电基地出力特性研究 [J]. 电
网技术, 2017, 41（2）：493-499.

[18] 王勃, 刘纯, 张俊, 等. 基于Monte-Carlo方法的风电功率预测不确定性估计[J].
高电压技术, 2015, 41（10）：3385-3391.

[19] 王勃, 冯双磊, 刘纯. 基于天气分型的风电功率预测方法 [J]. 电网技术, 2014,
38（01）：93-98.

[20] 范高锋, 王伟胜, 刘纯, 等. 基于人工神经网络的风电功率预测 [J]. 中国电机
工程学报, 2008, 28（34）：118-123.

[21] 王彩霞, 鲁宗相, 乔颖, 等. 基于非参数回归模型的短期风电功率预测 [J]. 电
力系统自动化, 2010, 34（16）：78-82, 91.

[22] 冯双磊, 王伟胜, 刘纯, 等. 风电场功率预测物理方法研究 [J]. 中国电机工程
学报, 2010, 30（2）：1-6.

[23] 王铮, RUI Pestana, 冯双磊, 等. 基于加权系数动态修正的短期风电功率组合预
测方法 [J]. 电网技术, 2017, 41（2）：500-507.

[24] YAN Jie, ZHANG Hao, LIU Yongqian, et al. Forecasting the high penetration of wind
power on multiple scales using multi-to-multi mapping [J]. IEEE Transactions on
Power Systems, 2018, 33（3）：3276-3284.

[25] WANG Zhao, WANG Weisheng, WANG Bo. Regional wind power forecasting model
with NWP grid data optimized [J]. Frontiers in Energy, 2017, 11（2）：175-183.

[26] 彭小圣, 熊磊, 文劲宇, 等. 风电集群短期及超短期功率预测精度改进方法综述
[J]. 中国电机工程学报, 2016, 36（23）：6315-6326, 6596.

[27] 王燕. 应用时间序列分析 [M]. 4版. 北京：中国人民大学出版社, 2015.

[28] 汪荣鑫. 数理统计 [M]. 西安：西安交通大学出版社, 1986.

[29] 陈希孺, 柴根象. 非参数统计教程 [M]. 上海：华东师范大学出版社, 1993.

[30] WANG Zhao, WANG Weisheng, LIU Chun, et al. Probabilistic forecast for multiple
wind farms based on regular vine copulas [J]. IEEE Transactions on Power Systems,

2017，33（1）：578－589.

[31] PINSON P，KARINIOTAKIS G. Conditional prediction intervals of wind power generation [J]. IEEE Transactions on Power Systems，2010，25（4）：1845－1856.

[32] 王铮，王伟胜，刘纯，等. 基于风过程方法的风电功率预测结果不确定性估计[J]. 电网技术，2013，37（1）：242－247.

[33] 朱思萌. 风电场输出功率概率预测理论与方法 [D]. 济南：山东大学，2014.

[34] 王勃，冯双磊，刘纯. 考虑预报风速与功率曲线因素的风电功率预测不确定性估计 [J]. 电网技术，2014，38（2）：463－468.

[35] WANG Y，ZHOU Z，BOTTERUD A，et al. Optimal wind power uncertainty intervals for electricity market operation [J]. IEEE Transactions on Sustainable Energy，2018，9（1）：199－210.

[36] 薛禹胜，郁琛，赵俊华，等. 关于短期及超短期风电功率预测的评述 [J]. 电力系统自动化，2015，39（6）：141－151.

索　引

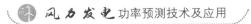